AF337395

GUIDE

DU

VOYAGEUR SUR MER

OU TRAITÉ COMPLET DU MAL DE MER,
AVEC DISSERTATION HYGIÉNIQUE SUR LES BATEAUX A VAPEUR,
DE L'INFLUENCE DE LA LUMIÈRE DES ASTRES SUR LA NATURE,
SUIVI D'UN APPENDICE SUR L'ÉTENDUE DES DISTANCES
PARCOURUES EN PYROSCAPHES,
ET UNE INDICATION SOUVENT DESCRIPTIVE DES MONUMENTS,
DES CURIOSITÉS ET DES HÔTELS LES PLUS REMARQUABLES
DANS LES DIVERSES STATIONS DES BATEAUX A VAPEUR,

PAR

LE Dr ARSÈNE GUIEN

Ex-médecin sanitaire en Orient,
Ex-médecin titulaire des dispensaires,
Membre correspondant de plusieurs Sociétés savantes françaises
et étrangères,
Auteur de plusieurs ouvrages scientifiques.

**Vingt ans de navigation et d'expérience sur l'Océan,
la Méditerranée et la Mer Noire.**

> La mer dompte le courage de l'homme, fût-il
> le plus fort de sa race. HOMÈRE, *Odyssée.*

PARIS

V. ADRIEN DELAHAYE ET Cie, LIBRAIRES-ÉDITEURS
Place de l'École-de-Médecine.

—

1876

GUIDE

DU

VOYAGEUR SUR MER

OUVRAGES DU MÊME AUTEUR.

Du Charlatanisme ou véritables moyens de parvenir dans
la pratique médicale. 2me édition. Paris 1852.

SOUS PRESSE POUR PARAITRE PROCHAINEMENT.

De la femme considérée sous les triples rapports physio-
logique, moral et littéraire. 1847.

Médecine domestique et pratique des enfants. 1848.

Réfutation des doctrines des libres-penseurs sous les
rapports médicaux, bibliques et historiques. 1871.

Des infirmités humaines. 1850.

Thérapeutique médicale et chirurgicale contre les ma
ladies les plus rebelles. 1871.

Pathologie et clinique chirurgicales. 1871.

Pathologie et clinique médicales. 1871.

A. PARENT, imprimeur de la Faculté de Médecine, rue M.-le-Prince, 31.

GUIDE

DU

VOYAGEUR SUR MER

OU TRAITÉ COMPLET DU MAL DE MER,
AVEC DISSERTATION HYGIÉNIQUE SUR LES BATEAUX A VAPEUR,
DE L'INFLUENCE DE LA LUMIÈRE DES ASTRES SUR LA NATURE,
SUIVI D'UN APPENDICE SUR L'ÉTENDUE DES DISTANCES
PARCOURUES EN PYROSCAPHES,
ET D'UNE INDICATION SOUVENT DESCRIPTIVE DES MONUMENTS,
DES CURIOSITÉS ET DES HÔTELS LES PLUS REMARQUABLES
DANS LES DIVERSES STATIONS DES BATEAUX A VAPEUR,

PAR

LE Dr ARSÈNE GUIEN

Ex-médecin sanitaire en Orient,
Ex-médecin titulaire des dispensaires,
Membre correspondant de plusieurs Sociétés savantes françaises
et étrangères,
Auteur de plusieurs ouvrages scientifiques.

**Vingt ans de navigation et d'expérience sur l'Océan,
la Méditerranée et la Mer Noire.**

La mer dompte le courage de l'homme, fût-il
le plus fort de sa race.　Homère, *Odyssée.*

PARIS

V. ADRIEN DELAHAYE ET Cⁱᵉ, LIBRAIRES-ÉDITEURS
Place de l'École-de-Médecine.

1876

AVANT-PROPOS.

Il existe déjà plusieurs guides en Orient; mais les auteurs qui les ont écrits ont cherché à frapper l'imagination et à faire du romantique, plutôt que de s'attacher à une narration claire et précise des choses curieuses de ces contrées ; les poëtes qui ont fait ces livres, étant habitués à tout poétiser, se sont le plus souvent livrés aux excès d'une imagination fantastique, dépouillant l'art et la nature de ce qu'il y a de beau et de merveilleux dans leur simplicité.

D'un autre côté, ces auteurs n'étant versés ni dans la médecine, ni dans les sciences, la partie médicale, hygiénique et scientifique fait absolument défaut, ce qui est le contraire dans cet ouvrage, embrassant en termes concis et élégants tout ce que peut désirer un voyageur instruit et désireux d'acquérir de nouvelles connaissances scientifiques et artistiques, qui s'y étalent avec un grand luxe d'érudition pour tout ce qui a trait au mal de mer, la navigation, les bateaux à vapeur, les villes de station, les phénomènes météorologiques de la nature. Ce n'est donc pas un guide ordinaire, mais un vrai guide du voyageur en Orient, tant sur terre que sur mer, réunissant à la fois l'utile à l'agréable.

PRÉFACE.

Le mal de mer, appelé par les Grecs ναυσία, navire, nausée, est une maladie qui remonte à la
plus haute antiquité, et probablement aussi ancienne que la navigation; néanmoins son obscu-
rité n'a pas besoin d'être démontrée ; sa nature,
en effet, échappe à toutes les investigations ; ses
causes sont multiples et difficiles à apprécier, ses
symptômes sont irréguliers et sans fixité aucune ;
les mêmes agents qui éprouvent la plupart des
personnes sont sans influence sur une foule
d'autres.

Cette maladie revêt des formes diverses ; elle
simule plusieurs sortes d'affections, réveille celles
qui ne sont qu'assoupies ; elle agit différemment
suivant les tempéraments et les prédispositions
individuelles.

Elle attaque sympathiquement, tantôt l'estomac

et ses dépendances (c'est sa forme la plus fréquente et la plus saillante), et donne lieu à des excitations gastro-intestinales, tantôt son action se porte sur le système sanguin et provoque secondairement la fièvre, des étourdissements, des crachements de sang, des céphalalgies. Enfin elle attaque directement le système nerveux, notamment chez les personnes du sexe, et de là des attaques de nerfs, la syncope ou la lipothymie, l'affaiblissement passager des facultés intellectuelles, et, ce qu'il y a de plus étonnant encore, c'est que ces symptômes, d'un appareil formidable, cessent comme par enchantement dès que les sujets sont soustraits aux influences des causes provocatrices qui les ont déterminés, d'où résulte que les suites en sont nulles ou légères, et sans danger pour les bonnes constitutions, mais elles peuvent avoir des conséquences fâcheuses pour les personnes maladives auxquelles les voyages sur mer sont interdits.

Après de longues années de navigation dans toute la Méditerranée, la mer Noire et l'Océan, témoin de l'impuissance de la médecine, en présence de spectacles vraiment navrants, j'ai tenté avec plus ou moins de succès quelques expériences importantes, et, après de mûres réflexions sur un mal aussi bizarre qu'inextricable, je pense avoir fait surgir de mes méditations quelques idées neuves et utiles pour le prévenir et le combattre avantageusement dans la plupart des circonstances.

Comme je le dis à l'Avant-propos, dans ce guide, le voyageur y trouvera réuni l'utile à l'agréable ; il pourra désormais se former une idée de la nature du mal de mer avant de l'avoir éprouvé, et apprendre quelles en sont les causes les plus fréquentes ; afin de les éviter ou d'en atténuer les effets quelquefois intolérables, faute de soins et de traitement bien dirigés, il saura encore si les voyages sur mer peuvent être favorables ou contraires à sa santé ; à quel système de bateaux à vapeur il doit donner la préférence ; quelles sont les époques de l'année où il sera moins exposé aux caprices d'un élément perfide ; enfin un traitement simple, hygiénique et thérapeutique, le plus souvent très-efficace, d'après mes nombreuses expérimentations, est mis à la portée de toutes les intelligences.

Ajoutez à ces précieux avantages l'agrément de connaître les distances approximatives des lieux que l'on doit parcourir, et une nomenclature parfois descriptive de tous les monuments et des curiosités remarquables dans les diverses stations des bateaux à vapeur.

En définitive, ce travail répond d'une manière explicite ou quelque peu satisfaisante à une foule de questions qui, jusqu'à ce jour, avaient paru un problème et sans solution possible pour un grand nombre de personnes, et notamment pour celles qui s'embarquent pour la première fois.

Je n'ai pas toutefois la prétention de faire connaître la nature intime du mal de mer ; car l'essence des maladies nerveuses, comme de bien d'autres, étant inconnue, on doit renoncer à l'idée de prendre cette essence pour base d'une bonne définition, et chercher dans les phénomènes sensibles de cette maladie les caractères qui la distinguent et la constituent.

GUIDE

DU

VOYAGEUR SUR MER

> La mer dompte le courage de l'homme,
> fût-il le plus fort de sa race.
>
> (Homère, *Odyssée.*)

PREMIÈRE PARTIE

CHAPITRE PREMIER.

DU MAL DE MER. — NATURE. — SYMPTÔMES, CAUSES. — INDICATIONS ET CONTRE-INDICATIONS DES VOYAGES SUR MER. — DES BATEAUX A VAPEUR.

Nature de la maladie.

Le mal de mer peut être considéré comme une affection nerveuse dont le foyer principal a son siége dans le cerveau, d'où il s'irradie sur l'estomac par le pneumogastrique et le nerf spinal, et dans les organes de la vie animale par son épanouissement sur la moelle épinière, par l'intermédiaire des origines du grand sympathique et les plexus nerveux des membres.

Cette affection présente plusieurs degrés ; elle est tantôt légère, tantôt forte, enfin elle est quelquefois si profonde qu'elle semble simuler la léthargie ; du reste, la description des symptômes qui la caractérisent va nous en donner une idée plus nette et plus précise.

Il est à remarquer que, le plus ordinairement, chacun de ces degrés se déclare isolément, suivant les tempéraments et sans succession dans leur marche, c'est-à-dire que, dans une traversée, les personnes qui souffrent au premier degré ne voient point leur état s'aggraver insensiblement et passer au troisième degré ; chaque degré se déclare d'emblée, présentant toujours la même physionomie et le caractère qu'il a eu primitivement.

Symptômes.

1ᵉʳ *degré.* — C'est le plus fréquent. Vertige, douleur vague au front, anxiété épigastrique, inappétence, nausées, crachotements continuels de mucosités plus ou moins abondantes, sueurs à la surface de la peau.

Ces symptômes précèdent presque toujours le vomissement, qui manque parfois, mais il s'effectue fréquemment chez les personnes bilieuses ou douées d'une grande susceptibilité nerveuse.

Bien souvent, ce degré n'est caractérisé que par un malaise général accompagné d'un léger assoupissement, avec dégoût et vertige ; les malades pâlissent, éprouvent de la tristesse, ils cherchent la solitude et le repos.

2ᵉ degré. — Les symptômes précédents se déclarent subitement avec plus de violence ; les sujets éprouvent des éblouissements, des tintements d'oreille ; ils ont la tête prise d'un étourdissement semblable à l'ivresse, avec brisement général des membres, ralentissement de la circulation ; il survient bientôt des tiraillements d'estomac, des nausées, enfin des vomissements d'abord copieux et multipliés de matières alimentaires suivis ensuite de matières filantes, blanchâtres ou bilieuses, accompagnés d'efforts plus ou moins déchirants, avec frissons et grincements de dents. Ces vomissements, quelquefois continuels, peuvent devenir sanguinolents par l'effet de la rupture de quelques vaisseaux capillaires, à cause des contractions violentes et répétées des membranes muqueuses stomacales, comme de celles de l'œsophage et du pharynx. Il n'est pas rare de voir des mouvements convulsifs survenir par l'irritation sympathique ou la secousse imprimée aux deux cordons des nerfs pneumogastriques.

La vue seule des aliments redouble l'anxiété des malades, provoque à la salivation, enfin au soulèvement d'estomac, presque toujours suivi d'un vomissement ; les fonctions abdominales sont suspendues, ou redoublent de fréquence ; la soif et la fièvre viennent parfois compliquer cet état.

Si le malade est atteint d'anévrysme avancé, il peut mourir subitement par la rupture du ventricule gauche du cœur ; les vomissements de sang peuvent se déclarer, s'il est prédisposé à l'hémoptysie.

A ces symptômes physiques viennent se joindre le plus souvent un affaiblissement passager de l'intelligence et de la mémoire, la difficulté de lier les idées et d'articuler des sons, attention pénible à fixer sur un sujet quelconque, la conversation est fatigante et ennuyeuse.

Le bruit répété, l'éclat de la lumière, les odeurs de toute espèce fatiguent et impatientent, trouble général dans les fonctions intellectuelles, gastriques et animales, la face prend souvent une teinte plombée ou une couleur d'un jaune livide. Le mal, après avoir sévi les premières heures, disparaît momentanément pour revenir de nouveau et disparaître encore, et cela plusieurs fois pendant la durée du voyage, suivant le temps et le tempérament du malade.

Ces symptômes se trouvent rarement tous réunis sur un même sujet; il suffit de la manifestation de la plupart d'entre eux pour faire reconnaître le degré de la maladie.

3° degré. — C'est le plus rare. On voit les infortunés que ce mal tourmente dans des angoisses cruelles; ils sont couchés et immobiles, anéantis et comme sans vie, ou vomissant avec des efforts déchirants; une sueur abondante mouille la face et une partie du corps; ils se laissent aller comme des corps insensibles, n'opposant aucune résistance à leur déplacement; leurs fonctions animales ne paraissent plus soumises à l'acte de la volonté; les malades semblent plongés dans un collapsus des plus complets. Ces cas, je le répète, sont excessivement rares. Chez les femmes irritables ou hystériques, le système nerveux se surexcite d'une manière violente, et donne lieu à des convulsions, à des attaques de nerfs plus ou moins fortes et plus ou moins continues, poussées quelquefois jusqu'à la syncope.

Ces angoisses sont vraiment excessives et difficiles à décrire; aussi on ne doit pas s'étonner si Cicéron, s'étant embarqué pour échapper aux fureurs d'Antoine, aima mieux, en se faisant descendre à terre, courir la chance d'être assassiné que de souffrir plus longtemps un mal aussi cruel sur le navire où il s'était réfugié. Avoir été par

mer lorsqu'il pouvait aller par terre était une des
trois choses dont se repentait dans sa vie Caton le
censeur. Plus d'une fois nous avons vu de grands
personnages, de riches négociants, sacrifier à
bord des bateaux le prix de leur place, préférant
achever par terre un voyage plus long et plus
coûteux.

Quoique le mal de mer soit rarement mortel, il
est évident que si ce troisième degré se prolon-
geait, il pourrait faire succomber les personnes
qui en sont atteintes ; dans la plupart des cas, le
mal se borne à fatiguer ou à tourmenter plus ou
moins les voyageurs, qui, d'ordinaire, après vingt-
quatre heures ou quelques jours de souffrance,
sont fort surpris, dès que le navire arrive au
mouillage, de le voir disparaître subitement et
comme par enchantement ; d'où résulte évidemment qu'il n'a d'autre source qu'une affection nerveuse passagère et accidentelle ; néanmoins il
n'est pas rare de voir un léger affaiblissement des
membres et un certain vertige persister pendant
douze ou vingt-quatre heures.

Les malades au troisième degré se trouvent
parfois obligés de rester alités, et sont indisposés
pendant quelques jours ; nous en avons vu qui
ont gardé la fièvre pendant près d'une semaine.

Causes.

Pour expliquer ce phénomène, on a cherché une foule de causes plus ou moins bizarres, que nous croyons superflu de discuter longuement. Wolaston considère le mal de mer comme une congestion cérébrale qui n'est point admissible ; car rien dans les symptômes, bien étudiés, ne démontre cette pléthore encéphalique, à moins de considérer comme telle une céphalalgie de nature nerveuse.

Le docteur Pellarin, en attribuant cette maladie à une sorte d'asthénie cérébrale, confond évidemment la cause et l'effet ; l'atonie nerveuse existe réellement, mais comme résultat d'un moteur et non comme cause. Cet effet ne doit point être considéré encore d'une manière absolue ; car, au 3me degré, qui est le *summum* d'intensité de ce mal, nous avons démontré que la secousse cérébro-spinale est poussée quelquefois jusqu'aux attaques de nerfs, et par conséquent, à une surexcitation générale de l'organisme, qui est l'opposé de l'asthénie.

M. Jobard, de Bruxelles, et Keraudren le font dépendre d'un frottement particulier des entrailles exercé sur la surface du diaphragme ; nous avons de la peine à comprendre comment le simple chatouillement de cette membrane, qui du reste n'existe pas lorsque le sujet se tient debout

2

ou assis, peut donner lieu à un appareil de phénomènes aussi extraordinaires qu'on ne voit pas se réveiller non plus dans le saut et l'équitation.

Quoique les personnes obèses souffrent comme la généralité des gens, il est certain, par contre, que les sujets les plus exposés et qui souffrent d'avantage sont les tempéraments nerveux, au ventre plat et dont les entrailles sont peu développées.

Il suffit à quelques personnes de mettre le pied dans une embarcation, de monter sur le pont d'un navire pour éprouver du malaise et avoir le cœur sur les lèvres.

C'est en partie sur ces dernières données que le docteur Semanas a soulevé une opinion qui mérite d'être étudiée ; celle-ci consisterait à croire que le mal de mer aurait pour cause essentielle une intoxication d'un miasme marin développé au sein des eaux agitées localement par la marche du navire, ou d'une autre manière générale par les vents et les orages, par suite des détritus formés dans la mer par les animaux morts et les plantes fucus, varecs et plantes marines, etc., abstraction faite du roulis et du tangage qui ne seraient plus que des causes auxiliaires, dont il ne rejette pourtant pas tout à fait la funeste influence. Il est probable, en effet, que dans certaines conditions voulues, l'atmosphère marine renferme quelque chose d'analogue avec les miasmes paludéens. Cependant, jusqu'à plus ample expérimentation, nous ne saurions admettre cette cause, déduite d'une théorie plus brillante que solide, et nous soutenons, d'après une longue expérience sur mer, que nous avons toujours vu l'intensité du mal de mer en proportion avec l'intensité du balancement du navire, et à mesure que le mouvement se ralentissait ou devenait faible, le mal de mer suivait les mêmes proportions, l'effet persiste quelquefois encore quelques heures, une demi-journée, suivant la sensibilité nerveuse individuelle ; mais à mesure que le temps se met au beau, les voyageurs sortent de leur cabine et montent sur le pont ; quelques exceptions n'infirment en rien la règle générale, et si des personnes domiciliées au voisinage de la mer ont éprouvé des symptômes du mal de mer, ces mêmes symptômes ont été remarqués chez des sujets habitant l'intérieur des terres ; qui sait s'il n'y a pas eu confusion dans cette circonstance et si les effets d'une indigestion, qui sont presque analogues, n'ont pas été pris pour le mal en question. On cite bien des personnes ayant eu le mal de mer, quoiqu'elles fussent à terre ; mais ce phénomène ne se développait chez elles que lorsqu'elles fixaient les vagues de la mer en furie, ce qui leur donnait le vertige, étant douées, sans doute, d'une grande susceptibilité nerveuse, et non point par l'effet d'un dé gagement miasmatique, car ces faits sont si rares et si exceptionnels qu'on ne peut les attribuer à une cause agissant d'une manière générale.

Si le mal de mer est plus fréquent sur les bateaux à vapeur que sur les navires à voiles, attendu que le déplacement d'eau se fait avec plus de fracas, il faut aussi admettre qu'il existe d'autres causes du mal de mer non moins puissantes, causes inhérentes aux pyroscaphes, et par conséquent le miasme palustre marin, provenant de l'agitation des eaux, ne peut être considéré comme la seule cause déterminante, et si des auteurs distingués ont regardé les fièvres intermittentes comme essentiellement nerveuses, n'avons-nous pas raison de considérer le mal de mer comme affectant principalement le système nerveux, de quelque nature que soient les causes qui ont été signalées.

Si, au lieu de puiser le miasme marin dans le sein de la mer, on le faisait émaner des eaux méphitiques qui, malgré la propreté du navire, croupissent habituellement dans la cale, sous forme marécageuse, miasmes qui se dégagent notamment lorsque le navire est en marche, et surtout par le roulis, on se rendrait compte encore mieux des symptômes du mal de mer que, malgré le beau temps, éprouvent certaines personnes en descendant dans leur cabine, tandis qu'elles sont à l'aise sur le pont.

Nous ne dirons rien de la définition du mal de mer donnée par M. Fonssagrives, de ses deux arcs de cercle décrits par la ligne de l'axe du navire, déterminant un mouvement centrifuge vers l'estomac et une vicieuse répartition du liquide sous-arachnoïdien, déterminant une commotion cérébrale par défaut d'un bain protecteur de l'encéphale ; cette définition est obscure et trop savante.

Quant à nous, nous diviserons les causes du mal de mer suivant qu'elles agissent sur l'ensemble du système nerveux, ou sur chacun des nerfs en particulier de la vie animale.

Les causes qui agissent sur les nerfs en général sont les plus fréquentes ; elles doivent être attribuées aux mouvements du navire, au roulis et au tangage. Le roulis, c'est lorsque la mer venant en travers, le bateau balance sur ses flancs ou transversalement ; le tangage, c'est lorsque le vent debout, poussant la vague en avant, le navire ne peut surmonter la lame qu'en s'élevant et s'abaissant alternativement de l'avant à l'arrière, ou longitudinalement ; lorsque ces deux forces se trouvent combinées, la cause du mal de mer est des plus puissantes.

Un grand froid comme une forte chaleur, produisant sur le tissu cutané une impression des plus sensibles, tendent au même but.

Les causes qui agissent sur le nerf olfactif ou

l'odorat, sont : les odeurs des chambres et de la cale, du goudron, de la fumée, du charbon, notamment de celui dit briquettes, composées avec du coaltar, dont l'odeur est tellement pénétrante qu'elle provoque le vomissement même chez les personnes qui n'ont jamais eu le mal de mer.

Les odeurs du suif de la machine, de la peinture fraîche, du tabac, des corps gras provenant de la cuisine et généralement toutes les odeurs fortes ou méphitiques de quelque nature qu'elles soient.

Les causes qui portent leur action sur le nerf acoustique ou l'audition, sont le : mugissement de la vapeur qui s'échappe de la chaudière ou de l'extraction, le clapotage des roues, le craquement des boiseries de la coque et des cloisons des cabines.

Quand se tenant debout sur le pont, le nouvel embarqué jette les yeux sur l'immensité des eaux, il en résulte, comme pour les autres causes, un vertige cérébral qui réagit sur la moelle épinière, les nerfs gastriques et des membres, provoque des nausées, des vomissements, une lassitude générale, enfin un trouble dans les idées par les secousses et les fortes impressions qui rétentissent sur le fluide nerveux dont elles gênent l'innervation. Or, comme il est difficile et souvent impossible, de se soustraire à l'action de ces causes, le mal de mer atteint tout le monde, sauf quelques exceptions, il ne fait pas même grâce aux animaux domestiques embarqués pour les provisions du bord, qui l'endurent, il est vrai, d'une manière légère.

Personnes auxquelles les voyages sur mer peuvent être salutaires.

En général, les voyages sur mer sont avantageux : aux personnes d'un tempérament lymphatique, aux chairs molles, blanches et pâles, aux sujets scrofuleux, cachectiques, ou affectés de chlorose. Ils sont également favorables à ceux atteints de catarrhe ou d'asthme chronique, de jaunisse ou d'obstruction du foie, aux poitrines délicates menacées de phthisie pulmonaire au premier degré seulement.

Enfin, on doit conseiller la navigation à toutes les personnes sujettes aux vers, tourmentées par la dyspepsie ou digestions lentes et difficiles.

Dans ces cas, l'air de la mer produit sur les tissus des organes, une toni-stimulation qui les fortifie et les ravive avantageusement ou une absorption des humeurs et de la lymphe surabondantes, au milieu desquelles plongés comme dans un état de macération, ils ne peuvent, par défaut d'excitation, exercer leurs fonctions.

Personnes auxquelles les voyages sur mer peuvent être nuisibles.

Les voyages sur mer sont nuisibles : à toutes les personnes en convalescence, ou atteintes d'une maladie aiguë, à celles affectées d'anévrysme du cœur, de phthisie pulmonaire au premier degré(1); à celles qui sont prédisposées ou sujettes aux hémoptysies ou vomissements de sang, aux diarrhées chroniques, aux hernies, aux rhumatismes, à l'épilepsie, enfin à l'hystérie.

Ils sont pernicieux aux femmes enceintes et généralement à toutes les personnes douées d'une grande susceptibilité nerveuse, notamment aux sujets qui ont une prédisposition aux maladies de la colonne vertébrale ou aux affections mentales.

Il est facile de comprendre que, dans ces cir-

---

(1) La densité de l'air, sa pesanteur spécifique, possède des propriétés manifestes dans certaines affections des voies respiratoires. Que la phthisie pulmonaire, par exemple, à la seconde période, arrive très-rapidement à une terminaison fatale sous une pression atmosphérique maximum avec l'influence des voyages maritimes trop aveuglément conseillés dans cette circonstance, c'est un fait d'observation que j'ai maintes fois constaté moi-même après tant d'autres, savoir : que les voyages en mer hâtent l'évolution tuberculeuse au deuxième degré et produisent ainsi les plus funestes résultats, lorsqu'il n'en est plus de même à la première période. (Mémoire sur les eaux du Mont-Dore, par le Dr BARBIER, ancien médecin sanitaire, médecin aux eaux de Vichy.)

constances les efforts de vomissements répétés et la vivacité de l'atmosphère marine peuvent produire dans les organes pulmonaires et abdominaux des ruptures de vaisseaux capillaires, des déchirures ou hernies de poches et de viscères parenchymateux ou alimentaires, surexciter le système nerveux de manière à provoquer sur le cerveau et le rachis un excès d'innervation capable d'occasionner des désordres plus ou moins considérables, suivant l'ancienneté de la maladie préexistante et la force de la constitution individuelle.

Observations générales.

Toutes sortes de personnes, à l'exception de celles que nous venons de signaler, peuvent naviguer, cependant il est des gens plus ou moins influencés et l'on peut dire que ce mal épargne fort peu d'individus; le plus grand nombre est attaqué d'une manière légère, d'autres le sont pendant toute une traversée, quelques-uns s'embarquent pour la première fois sans jamais rien éprouver, ils mangent, boivent comme chez eux et se rient des passagers qui payent tribut à Neptune.

Un certain nombre souffrent un ou deux jours, passé ce temps le mal cesse, on est alors comme amariné et semblable aux vieux marins qui n'en éprouvent aucune atteinte, cependant quelques-uns d'entre eux, après avoir passé de longues années sur mer, n'en sont point à l'abri, et malgré leur amour-propre froissé et leur assurance mal déguisée en présence des passagers, en souffrent comme les voyageurs, ces derniers par un gros temps cessent souvent d'être malades ; il paraît que la forte émotion à laquelle ils sont alors en proie, leur remonte le moral et produit sur l'organisme une réaction salutaire.

Il est encore des sujets malades pendant les premières vingt-quatre heures, ils ont du malaise tant que le vomissement n'a pas lieu, mais dès qu'il s'est opéré, ils jouissent d'un grand calme.

Les femmes ayant l'appareil nerveux plus développé, souffrent généralement davantage et plus fréquemment que les hommes ; chez elles le mal est poussé quelquefois jusqu'aux attaques de nerfs, surtout si elles sont affectées d'une maladie organique du cœur, comme nous avons pu le constater dans bien des circonstances.

Les peuples essentiellement marins, tels que : les habitants des îles, du littoral en sont plus à l'abri que les autres peuples ; parce que, probablement, ils naviguent davantage et sont sous l'influence de l'air maritime qu'ils sont habitués à respirer, tandis que les habitants de l'intérieur des terres ou éloignés de la mer y sont plus prédisposés.

Les lames de la Méditerranée étant plus courtes, plus saccadées que celles de l'Océan, fatiguent bien davantage ; en effet, des voyageurs ont observé qu'étant malades de Marseille à Gibraltar, ils discontinuaient de souffrir ou leur mal était atténué dès qu'ils avaient franchi le détroit. Au retour, le même phénomène s'est renouvelé, quoique les deux mers se trouvassent dans les mêmes conditions atmosphériques.

Est-il préférable de voyager sur les bateaux à roues ou sur les bateaux à hélice ?

A l'époque du beau temps, les bateaux à roues comme ceux à hélice sont également bons pour la navigation, mais en hiver et par le mauvais temps, il est préférable de naviguer sur les bateaux à hélice, parce que les navires à aubes fatiguent davantage ; leurs machines ont, en effet, un mouvement plus dur et plus tremblotant, notamment lorsque par suite du roulis, les roues tournant alternativement dans le vide, elles impriment à la coque du navire des secousses tellement violentes qu'elles ébranlent toute la machine animale, surexcitent les nerfs d'une manière fort désagréable et mettent le cœur sur les lèvres, même aux personnes qui sont peu prédisposées ; en outre, ces paquebots par le gros temps ne peuvent tenir à la cape à cause des coups de mer dont les lames viennent parfois balayer le pont où elles défoncent les cabines et les embarcations, à moins qu'on ne vire de bord, c'est-à-dire qu'on ne laisse le navire aller au gré des vents et des vagues pour chercher un abri dans une crique, une baie ou le port le plus voisin, ce qui est encore le meilleur parti à prendre afin de prévenir des avaries inévitables et moins fatiguer les voyageurs qui souffrent horriblement du roulis et du tangage répétés.

Tous ces inconvénients sont bien moins sensibles sur les vapeurs à hélice qui tiennent parfaitement à la cape, voient rarement les lames venir se briser sur le pont; puisque, à cause de la forme unie de la coque, elles sont forcées de glisser sur ses flancs ou à passer rapidement sous la quille, les voiles latines déployées les maintiennent sous le vent et les empêchent de se livrer à un roulis trop fatigant; comme les bateaux à voiles leur marche est plus douce et plus uniforme.

On pourra m'objecter que l'hélice produit sur certains bateaux une vibration et un bruit de tambour assez prononcé et fort désagréable. Ce défaut, assez fréquent, peut être attribué à un vice de construction et ne se fait guère sentir que dans le salon d'arrière et lorsque le navire marche sur lest; mais lorsqu'il est chargé et en bon état il disparaît presque complètement, il n'y a plus qu'un bruit sourd qu'on entend à peine.

Quant au danger de voir l'arbre de l'hélice ou ses ailes se briser, il est moins à craindre que la rupture des roues ; l'hélice porte presque toujours trois ou quatre ailes, s'il en casse deux ou trois, le navire peut marcher avec une seule et si elles cassent toutes ou s'il se dérange une pièce importante dans la machine, il peut voguer à la voile, si néanmoins l'hélice peut se dévisser ou se hisser à volonté, comme les bateaux mixtes. Tandis que si les bateaux à aubes éprouvent des avaries dans les roues ou dans la machine, les voiles ne leur sont d'aucune utilité, étant retenus par les pagaies ou pales, il ne leur reste d'autre ressource que d'être remorqués par un autre bateau à vapeur. Toutefois, si les avaries n'existent que dans une seule roue, celle qui reste peut filer encore la moitié de sa course. Aujourd'hui les Anglais et la plupart des grandes compagnies ont tellement reconnu la supériorité des bateaux à hélice pour la sécurité, comme pour l'économie, qu'ils ne construisent plus que des bateaux de cette nature pour les voyages au long cours.

Il est par conséquent préférable de voyager sur les bateaux en fer à hélice plutôt que sur ceux en bois et à roues ; outre que ces derniers dégagent tous une forte odeur de goudron dont la coque et les cordages sont enduits, ils font plus d'eau que les premiers, cette eau se rend dans la cale où elle croupit et exhale par le roulis des miasmes méphitiques et nauséabonds qui soulèvent le cœur et l'estomac, dès qu'ils viennent à frapper l'odorat, surtout lorsque les constructions sont faites en bois vert.

Ces inconvénients sont bien moins à redouter sur les paquebots en fer; l'infiltration des eaux est moins forte, elle est de nature ferrugineuse, ce caractère la rend impropre à la décomposition putride. De plus, les navires en bois logent une foule d'insectes qui tourmentent les passagers et ajoutent de nouvelles souffrances à celles qu'ils endurent déjà, enfin le craquement des boiseries, principalement quand elles sont neuves, agacent les nerfs d'une manière terrible et prédisposent immédiatement au vomissement. Les autres vapeurs dont les membrures et la coque sont en fer, sans être tout à fait à l'abri de ces incommodités les possèdent à un degré bien inférieur.

CHAPITRE II

INDICATION APPROXIMATIVE DES TEMPS SUR MER
AUX DIFFÉRENTES ÉPOQUES DE L'ANNÉE ET DE
L'INFLUENCE DE LA LUMIÈRE DES ASTRES SUR LA
NATURE.

De temps immémorial les vaisseaux et les navires étaient captivés par des voiles qui, à la merci
des vents, rendaient leur marche souvent lourde
et pesante ; mais la vapeur secouant ces langes, se
posa d'abord sans rivale, leur donna des ailes et
à leur faveur ils se sont envolés à travers l'immensité des mers, dédaignant à la fois et le calme
et les autans. Comme la nature de l'esprit humain
est de toujours progresser et de ne point s'arrêter,
l'hélice est venue à son tour leur donner une nou-

velle impulsion et à rendu aux voiles une partie de la puissance perdue. Depuis ces découvertes on ne considère plus les distances ni les époques, on voyage par tous les temps, les lieux et les latitudes, la navigation à vapeur a rapproché les Etats limitrophes, l'Océan et la Méditerranée sont devenus des champs immenses ouverts aux intérêts commerciaux et à l'ambition des grandes puissances maritimes.

Ces grands avantages n'ont point mis à l'abri de tous les inconvénients de la navigation, et le mal de mer a continué à tourmenter l'espèce humaine, on peut dire même que sa violence s'est accrue avec le développement des puissances motrices auxquelles on a voulu faire surmonter les résistances matérielles opposées par les vents et les flots. Aussi conseillons-nous aux personnes qui voyagent par agrément de choisir les époques de l'année où la nature plus calme, loin de mettre obstacle aux efforts combinés de la vapeur et des voiles, les favorise et les seconde, c'est dans ce but que nous allons leur faire connaître quelques observations confirmées par l'expérience.

En hiver, le mauvais temps dure généralement deux ou trois jours consécutifs, quelquefois pendant quatre à six jours, il est suivi ordinairement d'une série de beau temps d'une durée égale. En été, tous les quinze ou vingt jours on peut compter sur un coup de vent qui dépasse rarement vingt-quatre heures, ce qui a lieu au commencement d'une phase lunaire. En hiver la coïncidence du mauvais temps avec le dernier quartier et la nouvelle lune de chaque mois est un phénomène bien remarquable, alors le beau comme le mauvais temps durent jusqu'à la fin du quartier, du moins assez souvent. Décembre, janvier, février notamment, mars et quelquefois avril, si la lunaison de mars se prolonge bien avant dans ce mois, sont les mois de tempêtes, ce qui n'empêche pas de jouir souvent de bien belles journées. Les mois les plus favorables à la navigation sont : depuis les mois de mai, juin, juillet et août jusqu'au 15 ou 20 septembre, ces mois sont appelés par les marins les meilleurs ports de la Méditerranée, si à cette époque un mauvais temps survient, il dépasse rarement vingt-quatre heures. En juillet, août, jusqu'en mi-septembre, les vents du nord diurnes peu violents règnent presque sans relâche dans une bonne partie de la Méditerranée. Pendant le cours d'un grand nombre d'années de navigation, j'ai essuyé des tempêtes si nombreuses que j'en ai perdu le compte, mais presque toutes ont eu lieu en hiver, notamment en février, et la plupart dans la Méditerranée et la mer Noire. A ce sujet, je ferai observer aux voyageurs que cette mer sans îlots n'est pas aussi noire qu'on l'a faite ; les vents y règnent comme partout ailleurs ; dans l'année on y compte ordinairement en novembre, décembre et mars, quelques tempêtes terribles, il est vrai, mais elles dépassent rarement douze à vingt-quatre heures. Cette mer est noire, sans doute, à cause des brouillards et de la brume qui, la moitié de l'année, pèsent sur elle comme un manteau de plomb et empêchent souvent de voir les terres et l'entrée du Bosphore. Pendant la guerre de Crimée ayant été l'un des médecins attachés au service des blessés du siége de Sébastopol évacués sur les hôpitaux de Varna, de Constantinople et de Gallipoli, j'ai pu étudier le caractère de cette mer qui est habituellement moins mauvaise que l'Archipel et le golfe de Lion. Les différentes rades de l'Anatolie, depuis Sinope jusqu'à Trébizonde, sont même si sûres que les consuls et les habitants ne se rappellent pas qu'aucun navire se soit perdu dans ces parages ; car les vents du nord ne rentrent pas dans les rades ; repoussés sans doute par les forêts de haute futaie dont sont couvertes les montagnes jusqu'au bord de la mer.

Enfin à l'époque des équinoxes, du 21 au 30 mars et du 21 au 30 septembre, il est rare que la mer ne soit point agitée par quelque violente tempête.

La mer, aux époques de la pleine lune, parfois même en hiver, est presque toujours remarquable par un grand calme, bien souvent si elle est agitée dans la journée, dès que la lune apparaît

sur l'horizon, elle rentre dans un calme plat.
C'est principalement pendant les beaux jours de
ces sortes de phases que la plupart des voyageurs
sortent de leur cabine, montent sur le pont avec
des figures radieuses pour voir voltiger au loin
les impassibles goëlands qui se balancent gra-
cieusement dans les airs d'où, en temps d'orage,
ils défient les fureurs des flots et des éléments,
puis les plongeons invulnérables, chéris des Né-
réides dont ils visitent souvent les demeures
sombres et humides, ou bien les sinistres alcyons,
précurseurs des tempêtes; et l'innombrable famille
des oiseaux de passage précipitant leur vol en
essaim à travers les mers, comme des voyageurs
attardés qui craignent de voir leur caravane sur-
prise par la nuit du désert. D'autres passagers se
plaisent encore à voir gambader autour du navire,
tantôt les dauphins fabuleux, et les poissons vo-
lants, tantôt les énormes souffleurs qui du sommet
de leur tête font jaillir dans les airs des colonnes
limpides, semblables aux jets d'eau des fontaines;
enfin d'autres animaux aquatiques qu'une divinité
bienfaisante semble faire surgir du gouffre des
mers pour réjouir un instant des pauvres cœurs
malades sur lesquels elle verse ainsi un baume
de consolation et d'espérance. Quand on part pour
un voyage, que l'on s'embarque avec le beau
temps, il y a tout à parier que la mer doit être
belle au large; cette règle n'est pourtant pas ab-

solue et souffre quelques exceptions, notamment
en hiver; dans cette saison, il n'est pas rare de
s'embarquer avec le beau temps sur les côtes, et,
arrivé à vingt-cinq ou trente lieues en pleine mer,
on est fort surpris d'y trouver une forte houle et
même du mauvais temps, comme l'on peut partir
avec un vent impétueux sur terre, et, après vingt-
quatre heures de marche, rencontrer une mer
calme et tranquille; le beau et le mauvais temps
seront limités tantôt par un golfe ou un promon-
toire, tantôt par une montagne ou une île. Il nous
est arrivé parfois de relâcher par un gros temps
dans un port ou une baie craignant de compro-
mettre la sûreté du navire en avançant davantage,
mais au bout de quelques heures, ayant repris la
mer avec le même temps, on découvrait au delà
d'un avancement des terres une ligne de démar-
cation, d'un côté le calme plat et de l'autre les
tourmentes de la tempête ou bien deux temps
violents dans un sens opposé, l'un suscité par le
vent du sud venant des côtes d'Afrique jusqu'à
Carthagène, et là, ne pouvoir plus avancer par la
force opposée du nord-est, soufflant avec autant
de violence.

Pendant les grandes pluies du printemps et
d'automne, ordinairement la mer est assez calme
dans la Méditerranée, car la pluie a la propriété
de mater les vagues de la mer, à moins qu'elle ne
soit accompagnée de rafales de vents du sud ou

du nord avec l'atmosphère d'un fond gris cendré. Je ne donne pas ces remarques comme étant d'une certitude absolue mais comme ayant lieu le plus fréquemment; car la nature a des secrets qu'elle se plaît à nous cacher, elle ne s'assujettit pas toujours à nos calculs et se joue bien souvent de toutes nos prévisions.

On me dira peut-être que je fais jouer à la lune et à la lumière du firmament un rôle qui ne leur appartient pas, et que les changements et les révolutions que nous remarquons dans l'atmosphère et sur mer doivent être attribués à des causes cachées et qui nous sont inconnues.

Tâchons de démontrer l'erreur d'une pareille assertion et de prouver combien est puissante l'influence de la lumière des astres sur les corps organisés, sur le corps humain en particulier et sur toute la nature.

L'action de la lumière sur les êtres animés est un des éléments indispensables de toute organisation et, sans son influence, cette organisation ne saurait exister. Suivant que la lumière est plus ou moins abondante la vie augmente ou décroît, et là où elle manque on voit les corps se décolorer et périr en peu de temps. Cet effet est surtout remarquable sur les végétaux et les plantes qui se colorent, acquièrent du parfum et de la saveur quand elle abonde, tandis qu'ils s'étiolent et deviennent rabougris dès qu'ils sont privés de cet élément. Une multitude de fleurs s'ouvrent aux premiers rayons du jour et se ferment à la nuit; d'autres, au contraire, se ferment le matin et s'ouvrent le soir.

Cette influence ne se fait pas moins sentir sur les animaux et sur l'homme en particulier; c'est dans les régions tropicales que l'on remarque les animaux et les oiseaux les plus beaux et les plus richement colorés, tandis qu'ils languissent et sont sans vigueur dans les pays obscurs, bas et humides où la lumière ne pénètre qu'avec peine.

On peut dire, qu'en général, l'espèce humaine noircit aux feux du soleil et pâlit à la froide lumière des pôles.

Certains malades éprouvent des paroxysmes au moment où le soleil abandonne l'horizon, ce phénomène est surtout manifeste dans les affections pulmonaires, aussi les asthmatiques sont en proie bien plus fréquemment à des accès de suffocation le soir et la nuit plutôt que le matin et le jour, la dyspnée disparaît à mesure que la lumière se répandant dans l'espace, elle semble, comme dit un auteur, verser la vie dans l'organisme.

Il est donc hors de doute que la lumière agit fortement sur le système nerveux; cette influence combinée avec celles du calorique et de l'électricité doit être considérée comme la source de tous les phénomènes naturels ayant leur analogue dans le fluide nerveux et les contractions musculaires des êtres animés. C'est par suite de cette action que l'on peut expliquer les effets surprenants de l'atmosphère et des éclipses sur les êtres vivants ; car comment se rendre compte différemment de ce sentiment de terreur qu'éprouvent les animaux lorsque les principaux astres du firmament s'obscurcissent, de ces sentiments de défaillance et de syncopes dont sont attaquées certaines personnes nerveuses, faits nombreux mentionnés par les auteurs.

Ce bouleversement passager des lois de la nature cesse dès que la lumière brille de son éclat habituel.

Si les fluides éthérés exercent sur les êtres organisés et vivants une action aussi directe, nul doute que leur influence doive se faire sentir sur la matière inorganique ; c'est sans doute à leur présence ou à leur absence que nous remarquons ces agitations et ces bouleversements de la mer et du globe terrestre, les changements de saisons, les ouragans et les tempêtes, comme les beaux jours de l'été (1).

____

(1) Il est probable que tous ces phénomènes peuvent s'expliquer également par les déclinaisons mensuelles et annuelles autour de la terre, du soleil et de la lune ; et, comme les corps s'attirent en raison des masses et que la masse de l'air est plus petite que celle de la terre et des eaux, les courants et les oscillations qui y sont produits sont aussi le résultat des mouvements de la terre et de la mer, qui, elles-mêmes, se meuvent sous l'influence sidérale.

Qui oserait nier l'action du fluide lumineux sur cette zone gazeuse qu'on appelle l'atmosphère, sa légèreté est un signe de beau temps tandis que sa condensation présage la neige, la pluie, le vent et les orages, tous ces phénomènes ne sont-ils pas prédits par le baromètre.

Mais quel est le mode d'action de la lumière sur les corpuscules atmosphériques et par suite sur les grandes surfaces liquides de la nature ?

Les attractions et les répulsions magnétiques de la lumière solaire agissent sur les corps moléculaires à la manière d'un agent électro-négatif, suivent la loi newtonienne, et s'exercent en raison inverse du carré des distances ; lors donc que la surface d'un vaste corps aux particules mobiles est polie, une grande partie des faisceaux lumineux sont réfléchis ou repoussés puis absorbés, ils agissent alors comme puissance répulsive et attractive à la surface des corpuscules, sous ce rapport l'électricité et le calorique suivent la même loi précitée. D'où résulte que l'action physique de ces fluides éthérés sur la surface d'une mer tranquille et polie, doit nécessairement produire une vibration et une agitation moléculaires des liquides d'autant plus énergiques que la saison est plus avancée, et l'atmosphère plus chargée de fluides impondérables ; aussi sous les tropiques et dans nos climats, plus particulièrement en automne et en hiver, on remarque qu'une tempête ou au moins une mer très-agitée est précédée bien souvent d'une mer calme, et comme moirée à sa surface pendant un ou deux jours, notamment si la lumière et le calorique agissent avec force sur les molécules aqueuses, comme sur les atomes atmosphériques qui établissent alors des courants dont la force est en rapport avec celle de l'électricité et du foyer lumineux qui ont pesé sur eux, et qui persistent jusqu'à ce que l'équilibre normal se rétablisse par l'épuisement des fluides déchargés, et par une sorte de lassitude dans l'action moléculaire.

Mais l'astre de la nuit a évidemment sa part d'action dans les mouvements et les agitations de la nature, et quoique son mode d'agir soit plus difficile à déterminer, son influence n'en est pas moins constante.

D'après les naturalistes l'élévation ou l'abaissement journaliers des eaux de l'Océan sont assujettis au cours de l'astre qui nous éclaire durant la nuit. Ils ont observé que le retard des marées suivait la même loi des mouvements de la lune à l'égard du soleil, lorsqu'il n'était pas contrarié par des causes accidentelles, et que le soleil exerçait aussi une certaine influence se combinant avec celle de la lune et qui dépend de la distance des deux astres (1).

---

(1) On peut avancer, dit Henri de Parville, que les oscillations de grande amplitude dérivent des actions lu-

Sous certaines phases de la lune, la force attractive de cette planète est telle que les plantations réussissent ou échouent, nos cultivateurs le savent

---

naire et solaire; que les oscillations de petite amplitude, les vagues, sont produites par les vents. Or, si l'on réfléchit que les vents eux-mêmes résultent des différences de température, on admettra sans peine qu'il faut voir dans les astres le premier mobile de toutes les ondulations de l'Océan. Sous la même influence, des marées en tout analogues à celles de la mer, se produisent régulièrement au sein de l'atmosphère.

Quand les mouvements atmosphériques nous atteignent par l'ouest, ils viennent de la mer; quand ils abordent l'Europe par les hautes latitudes, ils n'amènent aucune perturbation dans nos contrées, et le ciel reste beau; mais si leur itinéraire se déplace, si le tourbillon s'abaisse dans son trajet, nous pouvons compter sur de la pluie et du vent. Tous les météorologistes savent bien maintenant que la route parcourue par les tourbillons dans nos climats semble suivre le déplacement du soleil. Leur itinéraire s'abaisse au fur et à mesure que le soleil descend vers l'équateur; et en hiver, quand le soleil est dans l'autre hémisphère, la ligne des bourrasques passe par nos latitudes; puis, quand le soleil remonte et revient dans notre hémisphère, la ligne des bourrasques s'écarte à son tour et se maintient en été dans le nord de l'Europe. Dès que la marche du soleil exerce une influence si tranchée sur l'atmosphère, il est évident que la lune passant chaque mois d'un hémisphère dans l'autre et coupant l'équateur, elle doit évidemment, à la manière du soleil, abaisser l'itinéraire des bourrasques quand elle est au-dessous de l'équateur et le relever quand elle est au-dessus. Ces mouvements d'oscillation plus ou moins marqués doivent se produire tous les quatorze jours.

très-bien par expérience et c'est avec beaucoup de raison que Virgile a dit :

> Præterea tam sunt acturi sidera nobis,
> Hædorumque dies servandi, et lucidus anguis,
> Quam quibus in patriam ventosa per æquora vectis
> Pontus et ostriferi fauces tentantur Abydi.

> Il faut savoir aussi, d'un regard curieux,
> Pour cultiver la terre, interroger les cieux.
> Leurs signes ne sont pas moins utiles au monde
> Pour sillonner les champs que pour voguer sur l'onde.

> (VIRGILE, *Géorgiques*.)

Chaque année, au commencement du printemps, il est rare que la lune rousse ne fasse pas des siennes, ce n'est pas sans raison qu'elle est redoutée de tous les cultivateurs ; car c'est sous son influence que surviennent des gelées tardives et des vents impétueux qui détruisent la plus belle végétation naissante, et occasionnent sur mer des tempêtes et des naufrages nombreux.

La lune paraît influencer ou favoriser certaines actions morbides ou physiologiques du corps humain. Malgré les assertions contraires de Cox et d'Esquirol, quelques médecins aliénistes ont pensé, conjointement avec Daquin et Dubuisson, que les phases de la lune exerçaient sur la marche de la folie une action réelle, et que, généralement, les aliénés présentaient plus d'agitation dans la pleine lune. Plusieurs auteurs modernes ont nié l'influence de la lune sur la nature, et en particulier

sur le système utérin ; en cela ils sont en contra-
diction avec l'expérience et les observations des
navigateurs et des anciens philosophes.

Aristote prétend que le flux périodique du sexe
s'opère principalement pendant le décours de la
lune. Helmont admet aussi la même coïncidence.
Roussel et bon nombre de médecins accordent à
la lune une influence aussi marquée sur la produc-
tion de ce phénomène que sur celle des marées ;
jadis cette opinion était tellement populaire qu'elle
a été consacrée par ce vieil axiome : « luna vetus
« vetulas, juvenes nova luna repurgat. »

Il est donc évident que tous les êtres créés,
comme la nature entière, sont constamment sous
l'influence des fluides impondérables et tous les
changements brusques et inopinés, suscités dans
l'immense bassin des mers, sont les effets de ces
éléments.

CHAPITRE III.

HYGIÈNE ET TRAITEMENT. — CERTIFICATS.

L'action chimique de l'air maritime bien loin
d'entraîner aucun inconvénient est, généralement
parlant, plutôt salutaire que nuisible, ainsi l'on
peut dire que la navigation est bonne pour la
santé.

Le calorique solaire se bornant à volatiliser la
partie aqueuse de l'eau de mer, sans se charger
des parties salines (1), ne peut qu'être humide,

---

(1) Ces parties salines sont : les sulfates de soude, de
magnésie, les chlorures de sodium et de chaux. On y
trouve aussi de l'iode, du brôme, du gaz acide carbonique,
du phosphore provenant de la décomposition des végétaux et surtout de certains animaux marins.

cette humidité de l'air atmosphérique, souvent moins humide que beaucoup d'air terrestre, humecte et rafraîchit les membranes muqueuses qui tapissent l'intérieur de l'œsophage et de la trachée-artère et par la pureté et la vivacité de l'oxygène qu'il introduit dans les poumons, et la circulation artérielle et veineuse rend l'hématose plus active et donne aux organes parenchymateux une alimentation plus riche, plus constante; c'est ce qui fait qu'en général, la plupart des marins sont robustes, colorés, nerveux, et souvent un peu prédisposés à l'irascibilité, comme à la morosité, dispositions surexcitées en partie par la triste et monotone existence du bord, et le joug despotique qui pèse sur tous les hommes de l'équipage. Du moment que l'on doit considérer la navigation comme avantageuse pour la santé, il nous reste à faire connaître les moyens que l'on doit employer pour prévenir autant que possible le mal de mer, le combattre avantageusement dès qu'il se manifeste; c'est ce que nous allons faire autant que la difficulté de la tâche nous le permettra.

Nous ne dirons rien de cette foule de remèdes tant vantés par le lucre, tour à tour préconisés et abandonnés, tels que: les élixirs et bonbons de Malte, les pastilles et sirops préservatifs et curatifs, etc., des feuilles minces de plomb ou de papiers appliquées sur l'épigastre.

Bacon lui-même assurait qu'un de ses amis

était soulagé par un sachet de safran, appliqué sur la même partie. Les voyageurs Anglais vantent beaucoup quelques gouttes de créosote ou d'éther ou de chloroforme délayées dans un verre d'eau, et pris par cuillerées dans la journée; on comprend que nous ajoutons peu de confiance à toutes ces médications et à bien d'autres que nous passons sous silence, les ayant vues constamment échouer.

M. Kéraudren, attribuant le mal de mer à un chatouillement des entrailles contre le diaphragme, préconise naturellement la compression abdominale et prétend que l'on peut se préserver de la maladie, en rendant les intestins fixes et immobiles, à l'aide de corsets et de ceintures plus ou moins serrés. Ce moyen peut procurer du soulagement aux personnes affligées d'obésité, mais il devient inutile dans le cas contraire; nous avons remarqué même que dans la plus grande généralité, les malades demandent de l'air, recherchent des habillements amples et lâches, tout ce qui gêne la poitrine et l'épigastre les oppresse et les suffoque.

Le docteur Semanas, faisant remonter la cause du mal de mer à un principe miasmatique marin qui existe d'une manière permanente dans l'eau de mer, est conduit à supposer que le miasme marin entre dans la constitution de l'atmosphère de la mer, par analogie de ce qui se passe à l'égard du miasme d'origine paludéen; d'autre part, envisageant les symptômes du mal de mer et ceux des affections miasmatiques comme de nature indentique, quant à l'air ambiant, il considère le sulfate de quinine comme jouissant d'une grande efficacité contre cette maladie. Il est fâcheux que la plupart des règles thérapeutiques présentées par cet auteur, comme celles de plusieurs autres, aient été déduites de données plutôt théoriques que pratiques, son expérience pratique, dit-il, étant courte à la mer.

Après avoir énuméré les moyens thérapeutiques employés jusqu'à ce jour par les auteurs, qui ont écrit sur la matière sous un point de vue purement théorique, nous allons faire connaître notre traitement hygiénique et médical entièrement basé sur une longue pratique sur mer et résultant de nombreuses observations faites par nous-même.

A l'époque de la belle saison, le choix du bâtiment importe peu ; mais quand on voyage en hiver, la première condition pour prévenir la maladie en question, c'est de faire choix d'un navire en fer à hélice, dont le capitaine et les officiers soient complaisants et attentionnés (1) ;

----

(1) Cette remarque n'est pas sans importance; il est des personnes sans énergie, se laissant facilement abattre, il suffit souvent de leur donner un peu de courage, de les distraire, soit par la conversation, soit par la musique ou

c'est de naviguer aux époques indiquées ci-dessus, à moins qu'on ne soit pressé par les affaires.

Rester sur le pont pendant le beau temps, sans s'exposer à l'humidité, au froid, ni à l'action solaire ; se placer, quand on le peut, vers le centre du navire, s'éloigner par conséquent de la proue et de la poupe où le tangage se trouve plus sensible. Si le mauvais temps survient, prendre la position horizontale dans la couchette la plus basse de la cabine, à moins qu'on ne veuille respirer plus à l'aise ; dans ce cas, on donnera la préférence à la couchette supérieure. Ce moyen est si puissant qu'il suffit souvent pour arrêter les vomissements qui, malheureusement, se renouvellent dès qu'on se tient debout ou assis. Lorsque le mal est violent, force est de rester couché ; s'il est léger et que le temps soit beau, mieux vaut se promener ou demeurer couché sur le pont pour y respirer le grand air. Une bonne mesure hygiénique contre le mal de mer, c'est celle qui est usitée sur les bateaux de l'Etat de la plupart des grandes nations, et qui consiste à établir dans les cabines des états-majors, au lieu de ces couchettes étroites et fixées contre les cloisons, des hamacs formés par des cadres garnis de bonne toile, soutenus aux

---

le chant, pour que le mal disparaisse ou devienne peu sensible, s'il est léger.

extrémités par un demi-cercle en bois pour les maintenir ouverts, présentant sa concavité en bas et la convexité fixée au plafond, au moyen de cordages rayonnants et terminés en faisceaux attachés à des pitons plantés au plafond ou soutenus par deux chandeliers, cloués sur le parquet (1). En adoptant ce genre de lit sur les bateaux à vapeur, le voyageur serait alors considérablement à l'abri du roulis et du tangage, les deux causes les plus puissantes du vomissement. Mais, comme la routine et la mode gouvernent le monde et que, dans l'application de ces nouveaux lits dans les bateaux à vapeur, les constructeurs y trouveraient un peu moins de bénéfice, le mobilier en serait moins élégant, l'ancien système continuera à prévaloir jusqu'à ce que la raison et surtout l'intérêt général en fassent bonne justice. On pourrait objecter que les hamacs tenant plus d'espace que les couchettes, ne permettraient pas de recevoir à bord un aussi grand nombre de passagers ; ce qui serait préjudiciable à l'intérêt des compagnies ; à cela on peut répondre que le nombre des couchettes est pres-

---

(1) On obtiendrait parfaitement ce résultat à l'aide de lits mécaniques, dit *Nosophore-Rabiot*, Paris, 18, rue Serpente, notamment si les premières classes étaient placées au centre du navire, à côté de la machine, car l'arrière d'un bateau à vapeur est l'endroit le plus fatigant pour les voyageurs, à cause des secousses répétées de l'hélice et du tangage qui est plus sensible.

que toujours supérieur au nombre des passagers en hiver, et dans les autres saisons de l'année, il est rare qu'elles soient occupées plus d'à moitié ou aux trois quarts et presque jamais au complet.

Mercurialis et plusieurs de ses adeptes, voyant toujours la bile et la saburre conjurées contre la santé de la pauvre humanité, considèrent les vomissements comme très-salutaires ; c'est une erreur ajoutée à tant d'autres.

Chez les personnes d'un tempérament bilieux un ou deux vomissements peuvent être avantageux, mais s'ils se prolongent ils peuvent devenir nuisibles et fatiguer inutilement l'estomac par des contractions violentes, et d'autant plus douloureuses qu'elles s'opèrent dans le vide ; il convient alors de prendre les mesures les plus convenables pour les arrêter et ne point les abandonner aux seuls efforts de la nature.

Quelques personnes craignant de vomir s'abstiennent complètement de tout aliment, et souffrent horriblement ou de la faim ou des contractions stomachiques, portées quelquefois jusqu'au déchirement des vaisseaux capillaires et des veines qui parcourent la surface des membranes muqueuses de l'estomac, de l'œsophage et du pharynx, et des filets de sang surnagent au milieu des mucosités qui s'échappent après des efforts inouïs.

D'autres, dans l'idée de vomir avec des efforts

moins pénibles, mangent et boivent abondamment; ces deux excès sont également nuisibles et ne peuvent que favoriser le mal que l'on veut éviter. Dans le premier cas les nerfs et les membranes digestives sont fortement irrités; dans le second ils sont affectés par une surcharge inutile, tendent tous les deux vers le but que l'on redoute.

On obtiendra, au contraire, des résultats avantageux en prenant un terme moyen qui consiste à tromper la faim et à ne pas fatiguer l'estomac par une alimentation nutritive et abondante, mais bien par une nourriture légère et peu copieuse, d'une digestion facile, telle que :

1er *degré de la maladie.* — Prendre un bouillon dégraissé, une purée de légumes, une julienne. S'abstenir des mets et potages faits avec des légumes flatueux, tels que : choux, navets et haricots.

A ce degré les malades supportent bien également : les artichauts dits à la barigoule, une salade d'endive ou de laitue, comme une salade dite à la provençale, composée d'anchoix, de cornichons, de laitue, mêlés avec un peu de persil, de poivre et de sel, le tout assaisonné d'huile et de vinaigre.

A l'époque des fruits les malades en feront usage avec plaisir, comme de pommes et de poires cuites.

Tous les autres aliments sont d'une digestion

difficile, principalement la viande, les pâtes, les œufs et le poisson. L'odeur seule de la viande suffit souvent pour provoquer les nausées et le vomissement. Le pain, quelque léger et bien cuit qu'il soit, est supporté avec peine, mais il est remplacé avantageusement par les croquignoles des confiseurs : petits pains, croûtes et biscuits croquants ou les biscuits de mer, les tablettes et pastilles de chocolat à la vanille sont aussi d'une digestion facile.

L'expérience m'a démontré que l'eau sucrée, le thé, le café, le laitage, dont les personnes de service des paquebots sont prodigues pour se rendre utiles et obséquieuses auprès des malades, les vins alcoolisés et généralement toutes les boissons fortement acides et douceâtres provoquent au vomissement immédiat soit prises avant, pendant, comme après les repas ; tandis que les malades sont peu ou point fatigués par l'eau ordinaire, l'eau de groseille, l'eau gazeuse, l'orangeade, la limonade, le vin naturel de Bordeaux, la bière et les vins légers.

En règle générale, les aliments et les boissons, à l'exception des bouillons et des purées, doivent être pris froids et en petite quantité à la fois, la chaleur et l'abondance alimentaire répugnent à l'estomac irrité.

2ᵉ degré.—Si les vomissements sont opiniâtres et que l'estomac éprouve une grande répugnance pour les aliments, il faut les arrêter à l'aide des dragées orientales qui jouissent d'une grande efficacité. Au bout d'une heure ou deux, si les vomissements ont entièrement disparu et que les sujets soient épuisés faute de remèdes ou parce qu'ils ont été pris trop tard, ils relèveront les forces abattues par un vin chaud ou un demi-verre de grog pris par gorgées, et par intervalle ; il en est de même d'un punch dans lequel on trempera des croquignoles. Enfin, les malades prendront aussi avec plaisir de petites gorgées de curaçao ou de crême de menthe. Ces moyens sont également bons, à plus forte raison, au premier degré du mal de mer.

Quant aux substances qui agissent directement sur les nerfs et en particulier sur le nerf olfactif (l'odorat) et le cerveau, on doit préférer les suivantes : d'abord les pastilles de menthe à l'anglaise ou de citron (1) gardées dans la bouche et prises par intervalle, elles se prennent à tous les degrés de la maladie pour prévenir les maux de cœur et les vomissements, elles donnent une fraîcheur agréable à la bouche, elles purifient l'haleine et neutralisent les gaz méphitiques que

---

(1) Ces pastilles doivent être confectionnées convenablement, l'essence doit se faire sentir, et l'on doit prévenir sa volatilisation en les conservant dans des boîtes en verre ou en fer-blanc, différemment l'air de la mer les altère promptement.

l'on respire dans des cabines étroites et au milieu d'un grand rassemblement de personnes.

Pour l'inspiration des essences, on doit préférer : les extraits de jasmin et de vanille, mais nous préconiserons surtout l'essence de mousseline, ces esprits produisent subitement des effets merveilleux ; leur action douce et agréable se portant sur le cerveau donne un calme, un bien-être général, enfin une détente du spasme nerveux qui domine toute la maladie ; on peut en mettre quelques gouttes sur un grain de sucre qu'on laisse fondre dans la bouche.

Toutes ces essences doivent être conservées dans des fioles avec un bouchon en liége.

Quant à l'eau de Cologne, l'éther sulfurique, l'ammoniaque, le vinaigre aromatique, ils fatiguent généralement les organes bien loin de les soulager, leur action est trop vive sur le cerveau, pour une personne qui s'en trouvera bien, dix en seront incommodées, on ne devra les employer qu'au 3° degré, dans les cas d'attaque de nerfs, de pamoison ou de lipothymie ; dans ces cas, on frotte le cou, les tempes et l'épigastre avec un peu d'éther ou d'eau de Cologne, on en met une petite quantité sur un ou deux grains de sucre que l'on fait sucer aux malades.

Enfin, on trempe l'extrémité des doigts dans un verre d'eau fraîche, qu'on secoue subitement et à plusieurs reprises sur la figure de la personne, après lui avoir donné le plus d'air possible.

Pour l'ammoniaque, on le fait respirer en le faisant passer lentement sous le nez, ce qui se pratique lorsque la syncope se prolonge trop longtemps.

Chez ces sortes de malades, du 3e degré, le mal une fois déclaré, celui-ci atteint parfois une intensité si grande, que la prise d'un médicament ou d'un aliment sous quelque forme que ce soit, devient difficile non-seulement pendant la durée des paroxysmes, mais encore dans leur intervalle, à cause du dégoût insurmontable et des nausées qui ne manquent jamais de s'établir. Aussi on doit combiner tous les moyens pour prévenir cet état, soit par la position horizontale dans un lit ou un hamac placés au centre du navire, soit en gardant dans la bouche les pastilles de menthe ou en respirant les essences énumérées ci-dessus, enfin, par l'emploi des dragées (1) orientales et aromatiques de notre invention, qui dans la majorité des cas jouissent d'une grande vertu ; puisque nous les avons vues triompher même dans les vomissements incoërcibles les plus opiniâtres, et cela presque instantanément.

Ce médicament, joint au traitement hygiénique,

---

(1) En vente, à Paris, chez Vié-Garnier, pharmacien, 213, rue Saint-Honoré ; à Marseille, chez Villevielle, pharmacien, rue de Noailles, et dans toutes les pharmacies.

ayant été employé chez un grand nombre de passagers, tant civils que militaires, nos succès ont dépassé toutes nos prévisions et sans le considérer comme un spécifique, nous pouvons dire avec certitude qu'il guérit souvent et soulage toujours.

A la fin de la campagne de Crimée, lors de notre retour en France le 6 juin 1856, nous avions à bord du vapeur où je me trouvais en qualité de docteur, cinq cent onze militaires, dont cent trois officiers détachés de divers corps ; la mer était souvent passable ou mauvaise, la plupart des officiers en ressentaient la funeste influence. Comme j'avais fait dans d'autres circonstances, j'administrai les remèdes à quelques-uns qui paraissaient plus souffrants que les autres et aussitôt ils éprouvèrent un bien-être qu'ils n'avaient point ressenti depuis leur embarquement; chacun d'eux se trouvait si bien de ce remède, qu'il le faisait passer à son voisin, en s'engageant mutuellement à le prendre. Le fait est qu'il fallut renouveler le remède plusieurs fois, toujours avantageusement et à la grande satisfaction générale de nos braves passagers, qui bientôt les uns après les autres se rendirent sur le pont avec des figures pâles et conservant encore les traces de leur souffrance passée, la plupart vinrent me prier de leur faire connaître la composition de ce merveilleux remède.

Le plus grand obstacle à la confiance et à la

propagation de ce médicament, résultera long-temps de la multiplicité des remèdes contre le mal de mer, vantés par presque tous les pharmaciens ou par de gens qui n'ayant jamais navigué et sans expérience, se sont levés un beau matin avec la conviction qu'ils avaient, en rêvant, fait cette découverte.

Une autre raison qui n'est pas moins sérieuse, c'est la juste indifférence des malades qui, ayant entendu dire et ressasser à satiété par le public et par les médecins, qu'il n'y avait pas de remèdes contre le mal de mer, ne veulent faire aucun essai, convaincus que c'est peine perdue. Ceux qui sont atteints, s'ils sont munis d'un médicament, le placent d'habitude sous leur oreiller, sans vouloir se donner la peine de le prendre, soit qu'ils y ajoutent peu de confiance, soit par apathie, résultat du mal qui les tourmente.

Les remèdes que j'emploie sont fort connus et n'ont rien de nouveau, la partie médicale et scientifique de ce travail ayant été soumise à l'Académie impériale de médecine de Paris; mais ce qui n'était pas connu, c'était d'abord leur combinaison et ensuite leur application au mal de mer, voilà tout leur mérite; enfin, je dirai que les choses les plus simples ou qui paraissent telles, sont souvent les plus difficiles à découvrir, une fois connues on les trouve fort simples, mais personne n'y pensait, donc ce n'était pas si facile.

J'ai eu occasion d'employer le remède sur plusieurs bateaux à vapeur; l'état-major de l'un d'eux a été tellement émerveillé des succès obtenus en sa présence, qu'il m'a fait spontanément la déclaration suivante :

Je soussigné, capitaine commandant le bateau à vapeur le *Marocain* (compagnie Bazin, Léon Gay), certifie que le remède composé par le Dr Guien, médecin sanitaire, est d'une efficacité réelle contre le mal de mer ; employé sur un grand nombre de passagers, nous l'avons vu arrêter comme par enchantement les vomissements les plus terribles, dissiper le vertige et l'assoupissement.

Marseille, 29 avril 1859.

L. GILETTE.

Nous soussignés, second capitaine et lieutenant du vapeur le *Maracain*, certifions également l'exactitude des faits mentionnés ci-dessus et nous les déclarons conformes à la vérité.

Marseille, 29 avril 1859.

OULLIER.   F. COL.

Monsieur Margaillan, fils, liquoriste sur le quai du port, près la place Vivaux, ayant éprouvé sur lui-même les effets merveilleux du remède du Dr Guien contre le mal de mer, l'autorise à se servir de son nom pour donner de la publicité à ce médicament si utile à l'humanité.

Marseille, 14 août 1859.

MARGAILLAN, fils.

Je soussigné certifie que le remède composé contre le mal de mer, par M. Guien, docteur à bord du vapeur l'*E-*

gyptien, a été d'une efficacité remarquable, employé par Mme de Laroche et sa domestique qui souffraient horriblement ; presque instantanément soulagées, elles ont joui, durant le reste de la traversée, d'un bien-être qu'elles n'avaient pas éprouvé depuis leur embarquement, ce que je me plais à attester, pour témoigner à M. Guien toute ma satisfaction.

Gibraltar, 20 novembre 1861.

C. DE LAROCHE,
Vice-consul de France de Larache (Maroc).

Je soussignée, institutrice, certifie, qu'étant de passage à bord du vapeur l'*Egyptien*, venant de Constantinople à Marseille, j'ai beaucoup souffert du mal de mer, et, pour rendre hommage à la vérité, je dois déclarer que je n'ai éprouvé du calme et du bien-être qu'après avoir pris le remède composé par le docteur Guien, auquel j'exprime ici toute ma reconnaissance.

Marseille, 24 mars 1863.

Mme Julie VAUCHIER (de Genève).

SECONDE PARTIE

CHAPITRE Ier.

DISTANCES A PARCOURIR DE 7 1/2 A 9 MILLES A
L'HEURE, LIEUES MARINES DE FRANCE.

	Lieues.		Jours.	Heures
De Marseille à Malte............	216	en	3	»
— Marseille à Messine..........	208	—	2	20
— Marseille à Gênes............	66	—	»	20
— Gênes à Livourne............	25	—	»	8
— Livourne à Civita-Vecchia....	45	—	»	18
— Civita-Vecchia à Naples......	55	—	»	20
— Naples à Messine............	60	—	»	21
— Messine à Malte	50	—	»	20
— Marseille à Ajaccio	60	—	»	22
— Marseille à Bastia..........	66	—	1	»
— Malte à Athènes.............	200	—	3	»

	Lîeues.		Jours.	Heures.
Du Pyrée à Trieste	310	—	4	12
D'Athènes à Syra	28	—	»	10
De Syra à Mételin	58	—	»	20
— Mételin à Smyrne	21	—	»	8
— Smyrne à Besica	39	—	»	13
— Besica aux Dardanelles	6	—	»	1 12
Des Dardanelles à Gallipoli	6	—	»	1 1/2
De Gallipoli à Constantinople	40	—	»	14
— Constantinople à la mer Noire.	5	—	»	2
Du Bosphore à Varna	55	—	»	20
— Bosphore à Kamiesch	92	—	»	36 à 40
— Bosphore à Odessa	120	—	2	2
— Bosphore à Trébizonde	200	—	3	»
De Kamiesch à Samsoum	83	—	1	6
— Malte à Alexandrie	280	—	4	»
— Constantinople à Rhodes	145	—	2	12
— Smyrne à Rhodes	80	—	1	8
De Rhodes à Mersina	115	en	1	21
— Mersina à Alexandrette	30	—	»	12
D'Alexandrette à Lattaquié	25	—	»	21
De Lattaquié à Tripoli	21	—	»	8
— Tripoli à Beyrouth	16	—	»	6
— Beyrouth à Jaffa	40	—	»	15
— Jaffa à Alexandrie	90	—	1	12
— Malte à Tripoli de Barbarie	65	—	»	23
— Marseille à Alger	142	—	1	12
D'Alger à Oran	62	—	»	22
D'Alger à Bône	85	—	1	6
De Stora à Tunis	70	—	»	22
— Marseille à Cadix	280	—	4	6 dir.

En 7 à 8 jours avec stations à Barcelone, Valence, Alicante, Carthagène, Almeria, Malaga, Gibraltar.

De Gibraltar à Tanger	12	—	»	4 à 5
— Tanger à Casabianca	60	—	»	20
— Casabianca à Mogador	70	—	1	»

	Lieues.	Jours.	Heures.
— Mogador à Ténérife, Ste-Croix.	130	—	2 »
— Gibraltar à Southampton.....	390	—	5 »
Du Havre à Gibraltar...........	400	—	5 »
De Gibraltar à Marseille........	240	—	3 1/2 à 4

N. B. Il est bien entendu que si le vapeur file 10, 11 à 12 milles, il faudra moins de temps pour arriver à chaque station.

CHAPITRE II.

MONUMENTS, CURIOSITÉS ET HÔTELS REMARQUABLES
DANS LES DIVERSES STATIONS DES BATEAUX A
VAPEUR.

MARSEILLE.

On remarque, avant d'entrer dans le port, le
château d'If, qui a servi de prison à une foule
de personnages illustres, pendant la Républi-
que comme pendant l'Empire (1); le fort et la

-----

(1) Ce fort fut construit sous François Ier pour servir
de prison. Voici les principaux personnages qui y ont été
détenus : l'empoisonneur Alberto Del Campo, qui prédi-
sait la mort de ceux qu'il devait empoisonner, deux fois
condamné à mort; le prince Casimir, père de Ladis-
las VII, roi de Pologne; l'homme au masque de fer, en
attendant son transfert aux îles Sainte-Marguerite, 1686;

riche chapelle, Vierge-de-la-Garde, où se rendent
de nombreux pèlerins; l'église de Saint-Victor,
qui est le plus ancien monument de Marseille,
ses catacombes ont servi de sépulture à saint La-
zare, à saint Victor, le pape Urbain V, dernier
pape français, a été abbé de cette ancienne ab-
baye, ainsi que saint Cassien ; les bains de mer
du Roucas-Blanc, au Prado (2), établissement ad-
mirable par son site, son fond de sable, le confor-
table et les effets merveilleux de ses eaux dou-
ces, salées et minérales, au choix; on peut visiter
dans cette ville : le palais impérial ainsi que la
cathédrale qui sont à l'entrée du port, le Grand-
Théâtre, l'Arc-de-Triomphe, la Bourse, le Palais-
de-Justice, l'Hôtel-Dieu, ancienne caserne des
Croisés, l'hospice des aliénés, les superbes cafés
de la Cannebière et de la rue Noailles, le cime-
tière Saint-Pierre, la Bibliothèque de 60,000 vo-
lumes et de 1,200 manuscrits, le jardin zoologi-
que, le palais des Beaux-Arts, monument d'une

---

le comte de Mirabeau ; Paul et Louis Martel, deux assas-
sins de grands chemins, exécutés à Aix; Louis-Philippe
d'Orléans Egalité, père du roi Louis-Philippe Ier; Lajo-
lais et le chevalier d'Hozier, complices de Cadoudal et de
Pichegru; l'abbé Desmazures, fameux prédicateur sous
l'empire, coupable d'avoir critiqué le gouvernement, et
une foule d'insurgés de 1848.

(2) Ces eaux sont chlorurées-sodiques, magnésiennes et
ferrugineuses, employées contre l'anémie, les scrofules,
les dyspepsies, etc.

grande magnificence, ainsi que le Château-d'Eau, la promenade du Prado, le Jardin-des-Fleurs et le château Borely avec son parc, la promenade de la colline Bonaparte, le Casino, l'Alcazar, le pont de Roquefavour, véritable monument romain qui n'a rien de comparable en son genre, situé à quelques lieues; enfin les bains des eaux sulfureuses des Camoins, rendez-vous d'un grand nombre d'infirmes.

Hôtels.

Les hôtels de premier ordre sont : les grands hôtels de la Ville-de-Marseille, Noailles, du Louvre et de la Paix, du Petit-Louvre, de l'Univers et de Castille, des Colonies, du Luxembourg, des Princes, des Ambassadeurs, d'Orléans, Bauvau et de Rome.

Ceux de deuxième ordre sont : les hôtels du cours Belzunce, de la rue Thubanau, de la rue Pavillon et des Récollettes.

GÊNES.

Gênes a un grand nombre de belles églises, entre autres : la cathédrale dédiée à saint Laurent ; à l'intérieur comme à l'extérieur, elle est entièrement revêtue de marbre noir et blanc, par assises alternatives. C'est Galeusso Alessi, qui a fait l'ornementation du chœur, de l'abside et de la coupole ; sa chapelle, où reposent les cendres de saint Jean-Baptiste, est l'œuvre remarquable de Giovanni Della Porta ; les plus beaux ornements sont des bas-reliefs et huit statues de Sansovino et de Mateo Civitali ; sa façade est bien remarquable.

L'Annuziata. Cette église est excessivement riche ; de superbes peintures décorent son plafond, soutenu par dix colonnes de marbre blanc cannelées et incrustées de marbre rouge ; les deux premiers autels des chapelles latérales sont ornés de quatre colonnes torses en agate limpide.

L'église Santa Maria de Carignan, ouvrage de Galeazzo Alessi, fondée aux frais de la famille Sauli, vers le milieu du xvi⁰ siècle ; on y admire les statues des martyrs saint Barthélemy, saint Sébastien, saint Jean-Baptiste, saint Ambroise, ouvrages de Puget, vrais chefs-d'œuvre de l'art.

Enfin les églises de Saint-Cyr, Delle Vigne, de Saint-Ambroise, de Saint-Philippe, sont fameuses par leurs richesses ; les bas-reliefs, les peintures à fresque des grands maîtres et leurs colonnes de marbre ou de granit d'une seule pièce.

Cette ville renferme encore : un magnifique

dépôt de mendicité, dit *Albergo dei Poveri* (1) ; le palais royal, où se trouvent de vastes appartements très-riches, ils sont ornés de belles peintures de Van Dick, du Tintoret, du Caravage, du Titien et du Bassano ; le palais Balbi, le palais Brignole, les palais Serre, Palavicini, Sale, dit Palais-Rouge, de la couleur des matériaux dont il est formé ; le palais Adorno, le grand palais ducal, où se trouvent réunies toutes les administrations ; l'Université. Tous ces palais font l'admiration des voyageurs, surtout le palais Doria, avec sa belle colonnade en marbre blanc, la beauté de ses fresques ; il a servi d'habitation à plusieurs grands personnages : Charles-Quint, Maximilien de Bohême, Marguerite d'Autriche et Napoléon Ier. La magnifique villa Palavicini est à deux lieues de la ville. On y trouve encore le théâtre Carlo Felice, tout en marbre ; puis les théâtres Paganini, Balbi et Doria. L'Acqua Sola est une belle promenade de la ville. Cette ville a deux cafés magnifiques, le café d'Italie et celui de la Concorde. Sur la place Verde est un monument érigé à Christophe Colomb.

---

(1) Sur le maître-autel, on remarque un travail magnifique de Puget : c'est la Vierge contemplant son Fils étendu sur ses genoux après le crucifiement ; le tout est en marbre blanc.

Hôtels.

Les principaux hôtels sont : les hôtels Feder, des 4 Nations, de la Croix-de-Malte, l'hôtel Royal, du Lion-Rouge, de France, d'Italie, la pension Suisse, l'hôtel de la Ville et le National.

LIVOURNE.

A l'entrée de la ville, on remarque : la statue en pied du fondateur de Livourne, le grand-duc Ferdinand de Médicis. Son piedestal est entouré de quatre esclaves africains enchaînés, coulés en bronze sur le modèle de Pierre Lacca.

Les statues de la place Carlo Alberto représentent l'une le grand-duc Ferdinand III, l'autre Léopold son fils.

Dans le quartier de la Nuova Venezia, à cause des nombreux canaux qui la traversent, se trouve une toute petite église dédiée à san Fernando ; c'est tout ce qu'on peut trouver de plus gracieux en fait d'ornementation. Une citerne magnifique pour filtrer les eaux de la ville.

Hôtels.

Premier ordre : Hôtels de l'Aigle-Noir, Victoria-et-Washington, du Nord. Ces hôtels sont superbes.

Second ordre : Hôtels de France, de la Grande-Bretagne, la pension Suisse, d'Amérique, de Victor-Emmanuel.

PISE.

On y voit la tour inclinée sur laquelle Galilée faisait ses expériences.

Dans la cathédrale de Pise se trouvent entassées avec profusion des miracles de peinture et de sculpture des plus grands génies, des colonnes de marbre, de granit, au nombre de plus de 250. Avant d'y entrer, n'oubliez pas de jeter un coup d'œil sur les portes admirables, coulées en bronze et peuplées de saints et de patriarches.

Au Campo Santo, fixez vos regards sur ces tombeaux où le marbre sait se plier à tous les caprices de l'artiste ; tantôt il tombe en nappe, comme le long voile de la pleureuse, tantôt il s'élève en clochetons gothiques.

Dans le dôme, on y remarque un autel en ar-

gent doré et sculpté ; la chaire et les fonts baptis-
maux sont très-riches de sculpture et de mosaïques ; l'écho du dôme produit des sons d'une
harmonie délicieuse. — Sur les bords de l'Arno,
qui traverse la ville, on y voit une jolie chapelle
dans le style gothique, dédiée à la Vierge. On
peut visiter encore le Prado et la campagne du
grand-duc.

Le chemin de fer conduit de Livourne à Pise en
moins d'une demi-heure.

Hôtels.

Les hôtels sont : celui de la Vittoria, de Tre
Donzelle et l'Ussaro.

CIVITA-VECCHIA.

Les fortifications de la marine sont dues au
génie de Michel-Ange. Il n'y a de remarquable
que le palais des Papes, assez médiocre.

NAPLES.

Les églises les plus remarquables sont: Saint-
Janvier, patron de la ville, il appartient à l'art

gothique; à la façade sont deux colonnes de por
phyre d'un temple d'Apollon.

L'intérieur est soutenu par 110 colonnes de Ti-
polino et de granit de Sienne, des peintures magnifiques ornent ce temple.

La chapelle de Saint-Janvier est séparée de la
nef par une grille de bronze d'un très-beau travail, le maître-autel est en porphyre, et derrière
on conserve la tête de Saint-Janvier dans un tabernacle fermé par une porte d'argent, ainsi que les
deux fioles qui contiennent son sang. La liqué-
faction s'opère aux mois de mai, de septembre
et de décembre. Le corps de saint Janvier est
conservé dans une urne de bronze, dans une
crypte, dont les murs sont recouverts de marbre
blanc et soutenus par des colonnes de même
nature.

L'église des Saints-Apôtres n'a qu'une seule
nef; les peintures remarquables sont de Gior-
dana et de Lanfranc; les pierres précieuses, l'or-
févrerie, les topazes énormes ornent le maître-
autel et le tabernacle.

Les autres églises dignes d'être visitées sont :
San Francisco, l'Annunziata, San Paolo Mag-
giore, San Gregorio Armeno, San Lorenzo Mag-
giore, Sainte-Claire, notamment la chapelle
Saint-Sévère (dit San Severino et Sossio); le
Christ dans le tombeau, recouvert d'un suaire en
marbre transparent. La Pudeur sous forme d'une

vierge ainsi qu'un pêcheur recouvert d'un filet en marbre, sont inimitables.

Les principaux théâtres sont : Saint-Charles, del Fondo, Nuevo, San Ferdinando, la Fenice.

La place Saint-Francisco est ornée de deux statues équestres en bronze, dont l'une représente Charles III d'Espagne, l'autre Ferdinand Ier. Les deux chevaux et la statue de Charles III sont du fameux Canova, l'autre statue est de Cali.

Sur une colline qui domine la ville se trouve le palais de Capo di Monte.

Les palais les plus distingués de Naples sont : celui de Maddeloni, ou San Angelo, les palais Fondi, Cassaro, Campo Franco, Taccone, Casarani, où toutes les écoles de peinture sont bien représentées. Le musée Bourbon renferme deux chambres contenant plus de 30,000 lampes ; une autre a 16,000 ustensiles de bronze. Dans une chambre, sont des masses de bijoux en or et en argent, entre autres le fameux camée connu sous le nom de tazza Farnesina, qui n'a pas son pareil en Europe, trouvé dans le mausolée de l'empereur Adrien.

La baie de Naples et celle de Pouzzole sont mises en communication par un beau tunnel formant la grotte de Pausilippe à l'extrémité de la Chiaja, belle promenade de la ville.

Le voyageur qui voudra jouir d'un spectacle ravissant doit voir Naples et sa rade du couvent de

St-Martino-la-Chartreuse, qui domine toute la ville. A gauche de la ville, se trouve le palais du Roi, à droite le mont Vésuve, dont les coteaux produisent le délicieux vin de Lacryma Christi.

Le voyageur ne doit pas oublier le tombeau de Virgile, Caserte, et les ruines de Pompéia et d'Herculanum, qui font l'admiration de tous les touristes.

Hôtels.

Les hôtels de Naples sont : les hôtels de la Victoire, de la Grande-Bretagne, delle Crocelle, della città di Roma, de la Belle-Vue, de Nuova York, des Étrangers, les Isole Britanniche, de Ginara, enfin les hôtels de France et du commerce.

MESSINE.

Sur la route de Malte ou de Messine pour Constantinople, après vingt-quatre heures de marche, on double le cap Matapan ou cap des Tempêtes ; vis-à-vis, on remarque l'île de Cerigo, ancienne Cythère, appartenant aux Anglais. Après deux heures de route, on est en face du cap Saint-Ange ou cap Malia, habité par un ermite. C'est l'entrée de l'Archipel, ancienne Cyclades, parsemé d'une foule d'îles et îlots tous très-rocailleux. On ne peut voir l'intérieur de ces îles à cause des montagnes qui les entourent. Quelques-unes sont bien peuplées et fertiles, telles que Négrepont, Samos, Chio, Santorin, qui ont des vins et des fruits délicieux.

De Malte à Alexandrie, après deux jours de marche, on longe pendant toute une journée les côtes de l'île de Candie (ancienne Crète). Cette île a cinquante lieues de longueur de l'est à l'ouest ; au milieu, on remarque le mont Ida. Il existe une montagne de ce nom dans les plaines de Troie, en face de l'île de Tenedos, du côté est.

De Naples à Messine, on rencontre sur la route le volcan de Stromboli, et, un peu avant d'arriver à Messine, Charybde et Scylla des poëtes anciens.

Cinq édifices de cette ville méritent d'être mentionnés :

1º La cathédrale ou il duomo ; le maître-autel de cette église est tout incrusté de mosaïques, ainsi que l'intérieur de la coupole ; les caveaux sont aussi dignes d'être visités ; 2º l'hospice des Pauvres ; 3º l'église de l'Annunziata de Saint-Nicolao ; 4º le palais des Sénateurs, Sainte-Agathe avec 60 seins cancéreux en cire suspendus dans le chœur. Il y a aussi un joli théâtre.

Hôtels.

Les hôtels sont : la Victoria, la Ville-de-Lyon, de l'Univers et du Belvédère, des Étrangers.

MALTE.

Sur le passage de Messine à Malte, on aperçoit : le mont Etna, au pied duquel se trouve bâtie la ville de Catane ; en face est Reggio.

La ville de Malte se trouve divisée en trois parties, qui sont : La Valette, Vittoria et San Philippo.

On remarque à Malte, outre ses immenses fortifications, l'église de Saint-Jean, dont la voûte est ornée de belles fresques, retraçant la vie de saint Jean, œuvre de Calabrese ; les murs sont décorés des tombeaux des grands maîtres suivants : les plus riches sont : ceux de Nicolas Cotoner, de don Ramon Perillas, du duc de Rohan, du comte de Baujolais, frère de Louis-Philippe.

Un superbe tableau représentant la décollation de saint Jean est dû au pinceau de Michel-Ange de Caravage ; une crypte renferme les tombeaux de la Valette, de Villers de l'Ile-Adam, qui gisent dans des cippes ornées de leurs armoiries.

Le *Christ baptisé par saint Jean*, sur le maître-
autel, est considéré comme un grand-œuvre de
'art; des tombeaux de marbre incrusté de mosaïques, appartenant aux anciens chevaliers, for-
ment le parquet de l'église.

Les autres curiosités sont : le palais du Gouverneur, avec sa riche salle d'armes des chevaliers
et celle des Cérémonies; le jardin public de la
Floriane; celui du Gouverneur à San Antonio. On
distingue, à deux lieues de Malte, la ville forte de
Città-Vecchia, avec ses anciennes fortifications et
sa magnifique cathédrale, dédiée à saint Pierre et
à saint Paul, dans laquelle on admire un portrait
de la Vierge fait par saint Luc, médecin et évan-
géliste ; dans l'église de Santa Croce de Florence,
nous avons remarqué un portrait analogue du
même auteur. Non loin de là, se trouve la grotte
qui servit de refuge à saint Paul après son nau-
frage sur ces côtes, ainsi que les catacombes des
Sarrazins, une source d'où part un aqueduc ame-
nant les eaux à la Valette. Au village de Trendy,
existent encore des restes assez bien conservés
de deux temples antiques : Imnaïdra et Gebel-
Kim.

Sur la côte occidentale de l'île, la végétation est
luxuriante. Gozo, selon quelques savants, est
l'ancienne île d'Ogygie, la demeure de la déesse
Calypso. Malte produit une quantité considérable
d'oranges et de citrons pour l'exportation, des

fruits délicieux, du coton, du blé, des raisins en petite quantité.

Hôtels.

1er ordre : Les hôtels Dunsforts et Vittoria-Hôtel, strada reale ; Imperial, strada Santa Lucia, Morrell's strada forni.

2e ordre : Hôtels d'Angleterre, Oriental, strada stretta ; Albion, strada St-Giovanni ; Cambridge, la Croix-de-Malte, strada Santa Lucia.

ATHÈNES.

Ce qu'il y a de plus remarquable à Athènes, c'est l'acropole bâtie sur une petite colline ; son principal ornement est le Parthénon, qui, bien que tout en ruines, offre des architectures inimitables ; l'entrée de ce temple, dédié à Minerve, était formée par les propylées, dont on retrouve encore 55 colonnes, avec des fragments de blocs de marbre énormes qui reposent sur elles.

L'acropole ou citadelle renferme encore le temple de la Victoire, celui de Neptune-Erechthée ; vers le milieu de la descente de l'acropole, est le théâtre de Bacchus.

Au nord de l'acropole, est le temple de Thésée,
et au sud, celui de Jupiter Olympien.

Le temple de Thésée est en style dorien et entouré de 36 superbes colonnes ; il renferme une
foule d'objets antiques provenant des fouilles faites
aux environs d'Athènes.

Du temple de Jupiter on a conservé 16 belles
colonnes de 20 mètres de hauteur, en partie ren-
versées par un tremblement de terre. Non loin de
là est une grotte taillée dans le roc et ayant servi
de prison à Socrate. Au voisinage, sont les em-
placements de l'Aréopage, de la Tribune, du
Cirque olympique et du temple de Vénus. En
ville, sont le jardin et le palais du Roi, tout en
marbre, en face le mont Hymette, célèbre par son
miel ; puis le Gymnase et le petit temple d'Éole.

Du Pyrée à Athènes il y a une lieue et demie.

Hôtels.

Les principaux hôtels sont : ceux d'Angleterre,
d'Orient, des Étrangers, de l'Europe et du Par-
nasse.

SMYRNE.

Smyrne ne présente rien de bien remarquable,
si ce n'est qu'elle est le principal port de l'Asie

Mineure ; toutefois, comme le voyageur a besoin de distraction, il pourra visiter les bazars, le pont des caravanes, jeté sur le Mélès, rivière qui descend du mont Sipyle à travers les marbres, le granit et les lauriers roses qui ornent son lit.

Sur les hauteurs de la ville, sont les ruines de l'ancien Cirque romain, où saint Polycarpe fut brûlé tout vif sur un bûcher. On peut aussi aller visiter les jolies villas de Bournabat et de Caragachi, la grotte de Tantale près Bournabat ; c'est sur l'emplacement de ce dernier village qu'était bâtie l'ancienne Smyrne, berceau d'Homère, ainsi que l'indique son surnom de Mélésigène ; enfin les bains de Diane.

A Smyrne, il n'y a qu'un seul hôtel : c'est celui de M. Mille.

CONSTANTINOPLE.

Avant d'arriver à Constantinople, le voyageur doit traverser l'archipel aux côtes arides et escarpées, passer à côté de l'île de Mételin, ancienne Lesbos ; elle a vu naître Sapho. La ville est sur l'emplacement de l'ancienne Mytilène, puis on passe près de Ténédos. Vis-à-vis de cette île, on remarque les plaines de Troie, bâtie au pied du mont Ida ; à trois lieues environ de la plage, on y trouve encore quelques ruines en marbre.

Au bord de la plage, sont trois tumulus, dont le premier appartient, dit-on, à Patrocle, le deuxième à Ajax, et le plus éloigné à Achille.

Après avoir passé entre le cap Doro et l'île Andros, laissant derrière lui le golfe d'Athènes à gauche, les îles de l'archipel, telles que Milo, Serpho, Syra, etc. Le paquebot, au lieu de filer droit sur les Dardanelles, va à Salonique ; alors, prenant son bâbord, il longe l'île de Négrepont, de 40 lieues de long, à droite, et à 40 lieues, on aperçoit le mont Athos, où se trouve bâti un couvent de moines grecs, et, en s'enfonçant dans le golfe de Salonique, qui est très-profond, on découvre bientôt le mont Olympe, dont la masse imposante ressemble au mont Etna de la Sicile.

A Stamboul, on remarque : la Basilique ou mosquée de Sainte-Sophie ; elle est appuyée sur cent sept colonnes revêtues de marbres les plus rares ; huit colonnes sont de porphyre, tirées du temple du Soleil, construit par Aurélien à Balbeck ; on y admire les granits étoilés d'Égypte, de Thessalie et d'Epire ; huit colonnes de marbre vert de l'ancien temple de Diane d'Éphèse ; les autres sont sorties du plus beau temple de Jupiter à Cyzique, de ceux d'Alexandria Troas, d'Athènes et des Cyclades ; le pavé est formé des marbres du Proconèse, de Thessalie et du pays des Molosses.

Les autres mosquées sont celles d'Ahmet, du sultan Bajazet sur la place du Serashier, Yeni-Djami, la Solymanieh, Sultan-Selim, Sultan-Mohammed II. Yeni-Djami ou Mosquée de la sultane Validé, est située près le pont de Galata.

Auprès de l'Arsenal, se trouve celle du Sultan-Mahmoud.

Le nouveau palais Dolma-Batitché, d'une grande magnificence, est habité par le sultan.

On peut visiter encore, la place de l'Hippodrome avec sa pyramide, la salle des anciens costumes turcs, la tour de Sérashier, d'où l'on surveille les incendies si nombreux dans cette ville, les grands Bazars, le tombeau du sultan Mamouth, l'ancien Sérail avec ses immenses jardins, le palais des Ministères. A Péra se trouvent : les ambassades française, russe et anglaise. L'Ecole de Médecine au grand Champ-des-Morts, la tour de Galata, bâtie par Anastase, l'Arsenal dans la Corne-d'Or, le Bosphore ; à droite du Bosphore est la grande caserne de la ville de Scutari, ancienne Chrysopolis, peu éloignée de la vieille Chalcédoine, qui est à une petite distance des îles des Princes, où se trouvent des bains de mer.

Le Bosphore est parsemé d'une foule de villages délicieux, tels que : Orta-Heuï, Bebeck aux énormes platanes et aux bains délicieux, il ren-

ferme le kiosque dit des Conférences des Minis-
tres, puis les Châteaux d'Europe et d'Asie, par où
passa Darius avec son armée, pour combattre les
Scythes. C'est par là encore que rentrèrent en Europe les Dix-Mille, commandés par Xénophon et
par où les Croisés passèrent en Asie; Térapia où se
trouve le Palais de l'ambassade Française, enfin
la charmante petite ville de Bouyou-Déré, au
fond du Bosphore, en face de la mer Noire.

Hôtels.

Les meilleurs hôtels de Constantinople, sont :
ceux d'Angleterre, de Bysance, de France, de
Péra, d'Europe, des Colonies et de Paris.

ALEXANDRIE.

C'est le principal port de l'Egypte. Ce qu'il y a
de plus curieux c'est la place des Consuls, la
Colonne de Pompée, depuis sa base jusqu'à la
plate-forme est de 114 pieds ; le diamètre du fût
en a 9 ; l'Aiguille de Cléopâtre. Le Mahmoudieh est
un canal destiné à unir le Nil au port d'Alexandrie, œuvre de Méhémet-Ali, le Palais de
Méhémet-Ali à droite de la rade.

Les jardins du Vice-Roi et de M. Pastré;

l'Eglise Italienne (Sainte-Cathérine) et les catacombes.

Hôtels.

Premier ordre. — Hôtels : Abbat, d'Angleterre,
d'Europe.

Second ordre. — Hôtels : des Indes, Peninsu-
lar Oriental, du Nord.

LE CAIRE.

Le chemin de fer conduit d'Alexandrie au Cair
en 6 heures. Ses monuments remarquables sont
la mosquée de la Citadelle ou d'Amrou, bâtie pa
Amrou lui-même, le conquérant de l'Egypte·o
on admire surtout la colonne d'Omar, qui e
comme la clef de voûte de l'édifice ; de sa terrass
on distingue les pyramides et la forêt pétrifiée ;
côté on voit le puits de Joseph, la Mosquée de
Madona, le vieux palais et jardin du Prince,
jardin d'Alim Pacha, la grotte de la Vierg
l'arbre de la Vierge au pied duquel elle lavai
dit-on, les langes de l'enfant Jésus, l'égli
grecque et l'arménienne.

Au Caire, on y visitera avec plaisir le musée
Soulak, créé par son altesse Mohammed Saïd,

se trouve réuni le passé mystérieux de l'Egypte gravé en hiéroglyphes, en statues, en meubles, en ustensiles de toute espèce et même en bijoux où les artistes modernes peuvent trouver plus d'un modèle à imiter.

Hôtels.

Premier ordre. — Hôtels : Français, Anglais, des Princes, d'Orient.

Second ordre. — Hôtels : du Nil, d'Olivier, des Pyramides, Trattoria Salvini.

JAFFA, ANTIQUE JOPPÉ.

Les maisons de cette ville bâtie en amphithéâtre ressemblent à des forteresses ; l'ancienne habitation de saint Pierre se trouve entre les mains des Turcs, qui permettent de la visiter avec quelques bachis. Campagne luxuriante ; les oranges, les citrons, les cédrats y sont d'un volume énorme. C'est sur la rade de Jaffa qu'a été construite l'Arche de Noé. De cette ville, à Jérusalem on compte douze lieues.

A Jaffa il n'y a que l'hôtel Anglais et une

auberge. Les pèlerins sont reçus dans le couvent des Pères de Terre Sainte ou dans celui des Grecs chismatiques, suivant la religion.

BEYROUT.

De Jaffa à Beyrout on rencontre sur la route : Saint-Jean-d'Acre, et sur une montagne vis-à-vis on remarque le couvent du Mont Carmel, construit par le père Jean-Baptiste et le père Charles (tous les deux religieux carmélités et architectes), avec les fonds de la catholicité. Le maître-autel est bâti immédiatement sur la grotte d'Elie le prophète.

Tout près de Beyrout on aperçoit les montagnes du Mont Liban, dont il ne reste plus que 7 ou 8 cèdres antiques ; la superbe promenade des Pins, à une demi-lieue des remparts. On peut visiter les bazars, l'église des Grecs, le célèbre collége des pères Lazaristes à Antoura, à quelques lieues de la ville.

A trois journées de cette ville, se trouve Damas, grande ville sur la route de Baalbeck, ancienne Héliopolis, avec son fameux temple du Soleil.

A Beyrout il n'y a que deux hôtels : l'hôtel Belle-Vue et celui d'Orient.

TRIPOLI LA VILLE, DE SYRIE.

Cette ville bâtie au pied du mont Liban est entourée de jardins complantés d'orangers, de citroniers et autres arbres fruitiers. Riches bazars. Le côté est de la ville est traversé par la rivière Quadocha, digne d'être chantée par les poëtes.

LATTAQUIÉ, ANCIENNE LAODICÉE.

Le touriste pourra remarquer des colonnes, appartenant à l'ancienne cité, éparses dans la campagne et au milieu des murailles de la ville. Il existe un arc-de-triomphe romain conservé en partie. Belles campagnes complantées d'oliviers, de figuiers, de térébinthes et de palmachristi, dont les baies produisent l'huile de ricin.

ALEXANDRETTE.

Ce village est situé au fond du golfe d'Ajazze à trois journées d'Alep dont il est le port, comme Mersina est celui de Tarsous, patrie de saint Paul, à cinq lieues de la mer. Ces deux pays sont extrêmement fiévreux; dans les bois on y rencontre beaucoup de léopards, de panthères et de chacals.

ALGER.

Dans cette ville le voyageur y visitera avec plaisir le Musée algérien renfermant toutes sortes de curiosités et produits du pays africain, le jardin Marengo, la Casaubah, ancienne demeure du dey d'Alger, le camp de Mustapha et Saint-Eugène où se rendent les nombreux omnibus.

GIBRALTAR.

Les curiosités de cette ville sont : la promenade ou jardin public, dit Alameda, les immenses galeries pratiquées dans les flancs de la montagne et armées de batteries formidables, elles remontent au temps des Maures.

Dans l'intérieur de la montagne se trouve un souterrain dont la voûte est ornée de stalactites, formant une chapelle sur le côté ; dans le fond on aperçoit des abîmes qui vont à des profondeurs sous-marines où l'on pénètre par des conduits étroits, suspendu à une corde et armé d'un flambeau. Vis-à-vis Gibraltar se remarque la ville d'Algéziras, au fond de la rade. Au nord est la ville de Saint-Roch, assise sur une colline, et au sud, sur la côte d'Afrique, on voit la ville forte de Ceuta, bâtie à peu de distance du Mont-au-Singe qui, conjointement avec la montagne de Gibraltar, étaient appelés par les anciens les colonnes d'Hercule, ou les monts Calpé et Abila des auteurs grecs.

Hôtels.

Les hôtels sont : La Fonda Espagnole, l'hôtel Anglais (dit Club House), le Vittoria et Griffin Hôtel.

BARCELONE.

Les monuments de Barcelone sont : la Bourse, l'Hôtel-de-Ville, la Députation provinciale, le palais de la Reine, le théâtre du Lycée, le théâtre Principal, le théâtre Ristori, l'Université. Parmi les églises les plus jolies sont : Sainte-Marie de la Mer, la cathédrale, San Justo y Pastor, N. S. del Pino ou de la Barque.

Les promenades principales sont : la Rambla, San Juan, Gracia et Isabelle II.

On va se divertir à Tivoli, à Euterpe, aux Champs-Elysées et au Jardin-Général. Les cafés Cuyasi, Délicias, Nuevo et du Jardin sont magnifiques.

Hôtels.

Les hôtels sont : Oviente, Espagna, Sincon, les Cinq parties du Monde.

Quant aux autres villes d'Espagne, telles que : Alicante, Valence, Malaga, elles n'ont de remarquables que leurs cathédrales qui généralement sont fort belles, notamment celles de Malaga et de Cadix. Cette dernière ville, outre sa superbe cathédrale, est excessivement coquette dans son ensemble, a une jolie Alameda et deux belles places : celle de la Constitution et de Mina.

Hôtels de Cadix.

L'Hôtel d'Orient, l'hôtel de l'Alameda et la Fonda de Paris qui est le mieux installé.

Hôtels de Malaga.

L'hôtel principal qui est fort beau ; c'est l'hôtel de l'Alameda, tenu par un Français.

Pronostic des temps par un ancien astronome.

Si la bise vient du couchant,
La pluie arrive incontinent.
Quand rouge est la matinée,
Pluie ou vent dans la journée.
Temps couvert, longue matinée,
Mais alors courte la journée.

    Brune matinée,
    Belle et claire journée.

Temps qui se fait beau la nuit
Dure peu quand le jour luit.
Soleil rouge promet de l'eau,
Et soleil blanc fait le temps beau.

    Rouge le soir,
    Au temps aie espoir.
    Rouge le matin,
    Abrége ton chemin.

PRONOSTIC DES TEMPS.

Lune pâle fait la pluie et la tourmente ;

L'argentine, temps clair, et la rougeâtre vente.

Si février n'a pas de grands froids,

Le vent dominera tout le reste du mois.

Ne crois pas de l'hiver avoir atteint la fin

Que la lune d'avril n'ait accompli son plein.

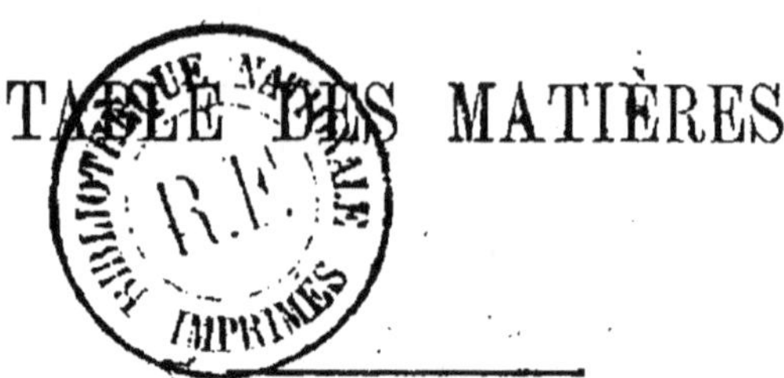

TABLE DES MATIÈRES

Pages

AVANT-PROPOS.. V

PRÉFACE.. VII

PREMIÈRE PARTIE.

CHAPITRE Ier. — Nature de la maladie.............. 11

Symptômes.. 12

Causes... 17

Personnes auxquelles les voyages sur mer sont
salutaires... 23

Personnes auxquelles les voyages sur mer sont
nuisibles.. 24

Observations générales................................. 25

Les bateaux à hélice sont-ils préférables aux
bateaux à roues?....................................... 27

CHAPITRE II. — Indication approximative des temps
sur mer aux différentes époques de l'année.... 31

Influence de la lumière des astres sur la nature.. 31

CHAPITRE III. — Hygiène et traitement. Certificats... 45

SECONDE PARTIE.

CHAPITRE Iᵉʳ. — Distances à parcourir de 7 1|2 à
9 milles à l'heure, lieues marines de France... 61

CHAPITRE II. — Monuments, curiosités et hôtels remarquables dans les diverses stations des bateaux à vapeur........................... 64

Pronostic des temps par un ancien astronome... 92

Paris. — Typ. A. PARENT, rue Monsieur-le-Prince, 31.

78